개정판

The Latest Confectionery
Baking &
Dessert Plating

최신 제과제빵 & 디저트플레이팅

이윤희 저

ß (주)백산출판사

머리말

최근 건강지향 트렌드에 따라 저칼로리 식품과 건강에 도움을 줄 수 있는 웰빙 빵이 점점 증가하고 종류도 다양해지면서 제과제빵 시장규모는 폭발적인 성장을 이루고 있습니다.

특히 외식산업에서는 소비자의 변화된 취향에 부응하여 새로운 서비스를 제공하는 신개념 카페형 매장이 새롭게 재탄생하는 중입니다. 이에 디저트를 즐기는 문화가 생기면서 기존 베이커리 전문점과 커피 전문점의 문화적 공간을 융합한 디저트 전문점이 생겨났을 뿐만 아니라 베이커리업체에서도 마카롱, 소형 케이크, 컵케이크 등 다양한 디저트 제품을 경쟁적으로 출시하며 발 빠르게 디저트 시장을 넓혀가고 있습니다.

따라서 이 책에서는 변화된 트렌드에 맞춰 현장에서의 활용도가 높은 다양한 디저트 제품을 자세히 소개하고 그에 맞는 재료와 제법, 제품을 만들어봄으로써 보다 쉽게 익힐 수 있도록 도움을 주고자 합니다.

또한, 제과·제빵 기초이론과 더불어 최신 출제기준과 평가기준에 맞춘 자격증 실기시험 품목에 관하여 단계별로 상세한 설명과 함께 쉽게 이해할 수 있도록 작업공정과정을 순서대로 실었으며, 제품별 노하우를 제시하고 제품평가를 수록함으로써 제과제빵기능사 자격증 취득에 보탬이 되도록 하였습니다.

최고의 바이올린이라 일컫는 스트라바리우스는 아무나 켤 수 없다고 합니다. 실력 있는 연주자가 최소 10년은 길들여야 제대로 소리를 낸다고 합니다. 모든 일에는 '과정'이란 게 있는 것 같습니다.

아무쪼록 이 책이 여러분의 목표를 달성하고 성장하는 '과정'에 지침서가 되어 기술을 한 차원 높이는 데 도움이 되기를 바랍니다.

끝으로 본 교재가 완성되기까지 협조해 주신 (주)백산출판사 진욱상 대표님과 작업에 많은 도움을 주신 사랑하는 김충현, 김채린, 김호연님과 권민석 선생님께 진심으로 감사의 마음을 전하고자 합니다.

저자 씀

CONTENTS

Chapter 3

제빵기능사 실기 _ 143

Chapter 4

현대 디저트 _ 225

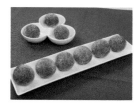

Chapter
1

제과제빵
기초이론 &
기계 및 기구

1 제과 기초이론

1. 과자의 정의

 곡류가루에 각종 풍미재료와 첨가물을 사용하여 만든 것으로, 주식 이외에 먹는 기호식품을 말하며 이스트의 사용여부, 설탕 배합량의 다소, 밀가루의 종류, 반죽상태 등으로 구별한다.

2. 팽창형태에 따른 과자제품의 분류

✔ 화학적 팽창

베이킹파우더 같은 화학팽창제에 의존하여 팽창한 과자를 말한다.

 ⇨ 레이어 케이크, 케이크 도넛, 와플, 케이크 머핀, 팬케이크, 과일 케이크, 파운드케이크 등

✔ 공기 팽창(물리적 팽창)

믹싱 중 거품을 이용하여 공기포집에 의해 팽창시킨 과자를 말한다.

 ⇨ 스펀지케이크, 엔젤푸드 케이크, 시폰 케이크, 머랭, 거품형 반죽쿠키 등

✅ 유지 팽창

밀가루 반죽에 유지를 넣어 얇은 유지층을 형성시켜 부풀도록 한 과자를 말한다.

⇒ 퍼프페이스트리, 파이 등

✅ 이스트 팽창

이스트 발효에 의하여 팽창시킨 과자를 말한다.

⇒ 사바랭, 커피 케이크 등

✅ 무 팽창

아무런 팽창작용을 주지 않고 반죽 속의 수증기압에 의해 팽창시킨 과자를 말한다.

⇒ 파이껍질 등

✅ 복합형 팽창

두 가지 이상의 팽창형태를 병용하는 방법을 말한다.

⇒ 데니시페이스트리, 스펀지케이크, 파운드케이크 등

3. 제과반죽의 분류

1) 반죽형 반죽(Batter Type)

밀가루, 설탕, 달걀, 많은 양의 유지를 기본재료로 하여 화학팽창제를 이용하여 부풀린 반죽이다.

✅ 크림법(Creaming Method)

유지를 풀어준 후 설탕을 혼합하여 크림상태로 만든 후 달걀을 서서히 투입하고 가루재료를 살짝 섞어 부드러운 반죽으로 만든다.

⇨ 장점 : 부피를 우선으로 하는 제품에 적합

⇨ 옐로레이어 케이크, 초코머핀, 파운드케이크, 쇼트브레드 쿠키, 타르트 반죽, 마데라(컵)케이크, 버터쿠키 등

✅ 블렌딩법(Blending Method)

밀가루와 유지를 가볍게 피복시킨 후 나머지 가루재료를 넣고 마지막으로 달걀과 물을 투입하여 거품을 올려 균일한 반죽상태로 만든다.

⇨ 장점 : 부드러움을 우선으로 하는 제품에 적합

⇨ 데블스푸드 케이크, 파이껍질 등

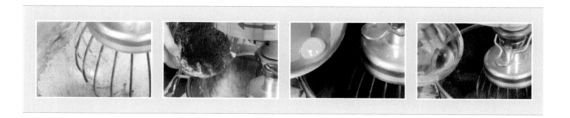

✅ 설탕 · 물반죽법(Sugar · Water Method)

설탕과 물의 비율 2 : 1로 설탕을 녹여 액당으로 만든 후 가루재료를 넣고 달걀을 투입하여 사용함으로 반죽도 중 긁어 낼 필요가 없어 편리하다.

⇨ 장점 : 껍질색이 균일하며 대규모 생산회사에 적합

✅ 1단계법(Single Stage Method)

유지, 설탕, 밀가루, 달걀 등 모든 재료를 일시에 넣고 반죽한다. 기계성능이 우수한 믹서기 사용과 화학팽창제 사용제품에 적합하다.

⇨ 장점 : 노동력과 시간절약, 편리성

⇨ 마드레느 등

🌀 반죽 믹싱속도와 시간의 관계

- 1단(저속) : 0.5분 → 재료의 혼합
- 3단(고속) : 2분 → 큰 덩어리가 부서지고 재료가 서로 결합되면서 공기를 포집
- 2단(중속) : 2분 → 포집되어 증가된 공기를 반죽 내부에 분산
- 1단(저속) : 1분 → 반죽 내 큰 기포를 제거하고 공기세포를 미세하게 나눔

2) 거품형 반죽(Foam Type)

달걀에 설탕을 넣고 거품을 낸 후 다른 재료와 섞는 방법으로 달걀의 기포성과 변성을 이용해 부풀린 반죽이다.

✅ 머랭법

설탕과 흰자의 비율을 2:1로 하여 거품을 낸 반죽으로 흰자에 함유된 단백질의 기포성과 신장성을 이용한 믹싱법이다.

⇨ 냉제 머랭, 온제 머랭, 이탈리안 머랭, 스위스 머랭으로 구분

✅ 공립법

달걀을 섞어 함께 거품내고 가루재료를 섞는 방법으로 더운 방법과 찬 방법이 있다.

⇨ 더운 방법(Hot mixing method) : 달걀과 설탕을 40~43℃로 중탕하여 거품을 내는 중탕법

⇨ 찬 방법(Cold mixing method) : 달걀과 설탕을 중탕하지 않고 거품을 내는 일반법

⇨ 장점 : 중탕법은 껍질색이 균일하여 고율배합에 적합하고, 일반법은 튼튼한 거품구조로
저율배합에 적합

⇨ 버터스펀지 케이크, 젤리롤 케이크 등

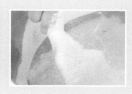

✔ 별립법

달걀의 노른자와 흰자를 분리하여 각각 거품을 올린 다음 노른자에 머랭의 1/3을 섞고
가루재료를 균일하게 섞은 뒤 나머지 머랭을 혼합하는 방법이다.

⇨ 소프트롤 케이크, 버터스펀지 케이크(별립법), 오믈렛

3) 시퐁형 반죽(Chiffon Type)

반죽형의 부드러운 조직감과 거품형의 부피감을 조합한 믹싱법으로 흰자와 노른자를 분리한
다음 노른자에 모든 재료를 섞어 반죽형 반죽을 만들고, 흰자에 설탕을 섞어 거품형 머랭을
만들어 혼합해 만든 반죽이다.

⇨ 시퐁 케이크가 대표적인 제품

4. 제과공정

반죽법 결정 → 재료 계량 → 반죽 만들기 → 정형·패닝→ 굽기 또는 튀기기 → 냉각 ▶ 포장

1) 재료 계량

주어진 배합률에 따라 정확히 재료를 계량한다.

설탕과 밀가루의 사용량에 따라 고율배합(High ratio)과 저율배합(Low ratio)으로 나눌 수 있는데 고율배합은 설탕 사용량이 밀가루 사용량보다 많은 배합으로 제품에 많은 수분이 함유되어 있어 제품에 신선도가 오래 유지되고 부드러움을 지속시켜 노화가 지연되는 특성 있다.

고율배합의 대표적인 제품에 레이어 케이크, 초콜릿 케이크가 있다.

🍪 고율배합과 저율배합의 비교

항목	고율배합	저율배합
설탕과 밀가루 사용량	설탕〉밀가루	설탕〈밀가루
달걀과 설탕 사용량	달걀+우유〉설탕	달걀+우유〈설탕
믹싱 중 공기혼입 정도	많다	적다
비중	낮다	높다
화학팽창제 사용	소량	다량
굽는 온도	저온 장시간	고온 단시간

2) 반죽 만들기

결정한 반죽 제법에 따라 반죽한다. 반죽에 따라 반죽온도, 비중이 제품에 큰 영향을 미친다.

① 반죽온도의 의미

- 반죽온도가 낮으면 기공이 조밀하고 부피가 작고 식감이 나쁜 제품을 만드는 원인이 되며 제품 표면이 터지고 거친 현상이 나타난다. 반면 반죽온도가 높으면 기공이 열리고 큰 공기구멍이 생겨 조직이 거칠고 노화가 빨리 진행된다.
- 반죽형 과자의 반죽온도는 24℃가 적당하다.

- 마찰계수 = (반죽결과온도 X 6) − (밀가루온도 + 설탕온도 + 달걀온도 + 유지온도 + 실내온도 + 수돗물온도)

- 사용수온도 = (희망반죽온도 X 6) − (밀가루온도 + 설탕온도 + 달걀온도 + 유지온도 + 실내온도 + 마찰계수)

- 얼음사용량 = 사용할 물 무게 X $\dfrac{\text{수돗물온도} - \text{사용수온도}}{80 + \text{수돗물온도}}$

---

② 비중

같은 용적의 물의 무게에 대한 반죽의 무게를 숫자로 나타낸 값이다. 비중은 제품의 부피와 기공과 조직에 결정적 영향을 준다.

비중이 낮으면 공기함유량이 많아서 제품의 기공이 열리고 조직이 거칠며 가벼운 반죽으로 제품의 부피가 크다. 반면 비중이 높으면 공기함유량이 적어서 제품의 기공이 조밀하고 무거운 반죽으로 제품의 부피가 작다.

구분	적정비중	품목
반죽형 케이크	0.80~0.85	파운드케이크, 옐로레이어케이크, 데블스푸드케이크, 과일케이크
거품형 케이크	0.50~0.60	버터 스펀지케이크, 멥쌀스펀지케이크
	0.40~0.50	시퐁케이크, 젤리롤케이크, 소프트롤케이크

🥖 비중 측정방법

① 저울 위에 컵을 얹고 저울에 표시되어 있는 용기를 눌러 "0"을 만든다.

② 컵에 물을 수평이 되도록 채우고 정확한 물 무게를 잰다.

③ 저울 위에 컵을 얹고 저울에 표시되어 있는 용기를 눌러 "0"을 만든다.

④ 컵에 반죽을 빈 공간 없이 채우고 바닥에 살짝 떨어뜨린 후 스패튤러 등을 이용하게 수평이 되도록 한다.

⑤ 저울 위어 올려 반죽의 정확한 무게를 잰다.

⑥ 반죽 무게와 물 무게를 정확히 기재 후 반죽무게에서 물 무게를 나눠 값을 낸다.

3) 정형 · 패닝

제품의 모양을 만드는 방법은 짜내기, 밀어펴거나 찍어내기, 접어밀기 등의 여러 가지로 성형하고 패닝한다.

🥖 각 제품의 적정 패닝양

① 제품의 반죽 무게= 팬의 부피÷비용적

비용적=반죽 1g를 굽는데 필요한 틀의 부피를 말하며, 레이어케이크 2.96cm³, 파운드 케이크 2.40cm³, 스펀지 케이크 5.08cm³이다.

② 팬의 부피를 계산하지 않을 경우

－ 거품형 반죽: 팬 부피의 50~60%

－ 반죽형 반죽: 팬 부피의 70~80%

4) 굽기

✅ 오버베이킹

저온에서 장시간 굽는 현상으로 지나치게 구운 것을 의미하며 부드러우나 제품에 수분이 없어 오그라들기 쉽다.

반죽양이 많고 고율배합일수록 낮은 온도에서 오래 굽는다.

✅ 언더베이킹

고온에서 단시간 굽는 현상으로 덜 구운 것을 의미하며 제품의 수분이 많고 조직이 거칠며 설익어 주저앉기 쉽다.

반죽양이 적고 저율배합일수록 높은 온도에서 단시간 굽는다.

5. 제과제품 평가

1) 외부적 요인

✅ 부피

반죽무게에 대한 제품 부피의 평가로 표준보다 크거나 작으면 조직과 속결에 차이가 생기므로 제품이 주저앉지 않고 적절한 부피감이 있어야 한다.

✅ 외형의 균형

찌그러짐 없이 균일한 모양을 지니고, 제품의 용도에 맞도록 전체적으로 대칭을 이루며 균형이 잘 잡혀야 한다.

✅ 껍질색

식욕을 돋우는 색상으로 옆면과 밑면도 적당한 색이 나야 한다.

✔ 껍질의 성질

껍질이 너무 두껍지 않고 부드러워야 하며 부서지기 쉬운 형태가 아니어야 한다.

2) 내부적 요인

✔ 기공

부위별로 열린 공기구멍이 너무 조밀하거나, 큰 공기구멍이 많지 않게 균일해야 한다.

✔ 조직

기공과 밀접한 관계가 있으며 주로 촉감으로 평가하는데 거칠어 쉽게 부서지지 않고 부드러워야 한다.

✔ 속 색깔

어둡거나 줄무늬 없이 전체적으로 일정한 색이 나야 한다.

✔ 풍미

제품 특유의 좋은 향을 지녀야 하며 너무 자극적이거나 강하지도 약하지도 않아야 한다.

✔ 맛

씹는 촉감이 부드럽고 제품 특유의 맛이 나야 하며 끈적거림, 신맛, 짠맛, 생재료 맛 등이 없어야 한다.

6. 쿠키(반죽) 짜기 기본방법

① 짤주머니 끝부분을 모양깍지가 0.5~1cm 정도 나오도록 가위로 자른 뒤 그 안에 모양깍지를 넣고 고정시킨다.

② 짤주머니 끝부분을 모양깍지의 안쪽으로 엄지손가락으로 밀어넣어 구멍을 막는다.

③ 왼손으로 짤주머니를 받치고 오른손으로 짤주머의 반을 바깥쪽으로 접는다.

④ 짤주머니 중간에 공기가 들어가지 않도록 천천히 반죽을 넣는다.

⑤ 반죽을 적당량 넣은 다음 짤주머니 밑을 받치고 있는 엄지손가락 부분에 고무주걱을 대고 긁어 주걱에 남은 반죽까지 넣는다.

⑥ 담은 반죽을 짤주머니 위에서부터 아래쪽으로 밀어 공기를 빼준다.

⑦ 짤주머니 입구를 반죽이 나오지 못하도록 오른손으로 돌려 막는다.(양이 많을 때에는 반죽이 손 안에 들어올 수 있도록 중간부분을 오른손으로 쥔다.)

⑧ 아랫부분을 왼손으로 가볍게 받친 뒤 직각이 되도록 하고 철판에서 1cm 정도 띄운 상태에서 짠다.

⑨ 다리는 어깨넓이만큼 벌리고 철판과 배 사이에 주먹 하나 들어갈 정도의 위치에서 철판에 일정한 크기와 간격으로 짜준다.

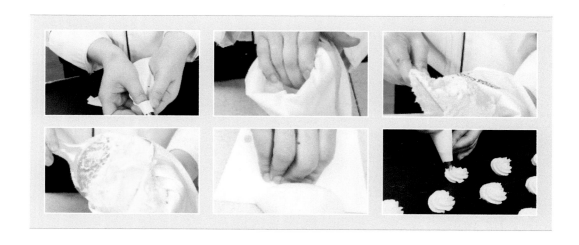

7. 위생지 재단법

1) 원형 팬 준비하기

① 위생지를 반으로 접고 다시 반으로 접어 4겹이 되도록 준비한다.

② 접은 위생지 위에 원형 팬을 올린 후 모양대로 밑면을 그려준다.

③ 가위로 그려진 모양을 따라 조금 안쪽으로 자른다.

④ 옆면에 세울 위생지를 원형 틀 높이에서 2cm 정도 더하여 접은 뒤 칼을 이용해 자른다.

⑤ 원형 팬 밑으로 들어갈 부분 1cm 정도를 접고 사선으로 잘라준다. (원형 틀 위로 위생지의
   높이는 0.5~1cm 정도 올라오는 것이 적당하다.)

⑥ 원형 팬에 옆면 띠를 돌려 감싸준다.

⑦ 원형으로 재단한 위생지를 테두리를 두른 위생지 안쪽으로 얹는다.

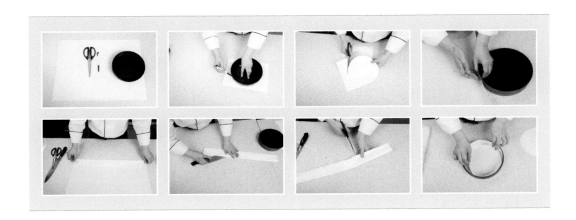

2) 파운드 틀 준비하기

① 위생지 두 장을 겹쳐 반으로 접어 4장을 만든다.

② 그 위에 파운드 팬을 올려 팬 바닥면을 그려 표시한다.

③ 파운드 팬의 가로, 세로 높이를 재고 위생지에 표시한다.

④ 표시한 선의 살짝 안쪽으로 접은 다음 재단한다.

⑤ 접은 면의 세로 기둥부분을 가위로 재단한다.

⑥ 모서리 부분을 잘 맞추고 모양이 흐트러지지 않도록 위생지를 반듯하게 접어 파운드 틀에 순서대로 접어 넣는다.

⇨ 파운드 틀과 위생지 높이는 같게 재단하는 것이 적당하다.

3) 위생지로 짤주머니 만들기

① 위생지를 작업대에 놓고 삼각형 모양으로 손가락을 이용해 꼭 눌러 접는다.

② 접은 부분을 칼을 이용해 반듯하게 자른다.

③ 삼각형으로 자른 위생지의 가운데 부분을 기준으로 반을 접는다.

④ 접은 반의 가운데 부분을 기준으로 다시 반으로 접기를 2회 반복한다.

⑤ 접은 위생지를 펼친 뒤 접은 선을 따라 겹치도록 만든다.

⑥ 만들어진 짤주머니를 접어 고정시킨다.

B

① 위생지를 작업대에 놓고 삼각형 모양으로 손가락을 이용해 꼭 눌러 접는다.

② 접은 부분을 칼을 이용해 반듯하게 자른다.

③ 삼각형으로 자른 위생지의 가운데 부분을 기준으로 왼손은 가운데 고정, 오른손은 위생지를 안쪽으로 말아 돌려준다.

④ 돌려 말아준 뒤 안쪽 면과 바깥 면이 겹치도록 만든다.

⑤ 만들어진 짤주머니를 접어 고정시킨다.

⇒ 짤주머니를 만들 때 끝부분은 빈틈이 없도록 꼭 맞게 말아주는 것이 중요하며, 접은 짤주머니에 반죽을 넣고 윗부분을 접어 봉한 뒤 밑부분을 원하는 크기에 맞춰 잘라낸 뒤 짜준다.

2 제빵 기초이론

1. 빵의 정의

빵이란 밀가루, 소금, 이스트, 물을 주재료로 하고 유제품, 달걀, 유지, 설탕 등의 부재료를 배합하여 믹싱한 반죽을 발효시켜 높은 온도에서 구운 것이다.

빵의 어원은 포르투갈어인 팡(Pao)이 일본을 거쳐 우리나라에 들어오면서 빵이라 불리고 있다.

2. 제빵법의 종류 및 방법

1) 스트레이트법(Straight dough method)

직접 반죽법이라고도 하며 모든 재료를 한번에 혼합, 반죽하는 가장 보편적인 제빵법이다.

(1) 제조공정

재료 계량 → 반죽 → 1차 발효 → 분할 → 둥글리기 → 중간발효 → 정형 → 패닝 → 2차 발효 → 굽기 → 냉각 → 포장

① 재료 계량(Scaling)

주어진 배합표에 따라 재료를 정확히 계량하여 준비한다.

배합표는 대부분 밀가루 무게를 100%로 하여 각각의 재료를 밀가루에 대한 백분율로 표시하여 사용한다.

🖊 배합표

재료	사용범위	통상사용(%)	비고
밀가루	100	100	단백질 11% 이상인 강력분
물	56~68	60~66	밀가루의 질, 분유의 양에 따라 변화
이스트	1.5~5.0	2~3	생이스트, 드라이 이스트 대체 가능
이스트푸드	0~0.5	0.1~0.2	반죽 조절제, 물 조절제, 산화제
소금	1.5~2.25	1.8~2.0	맛을 내는 필수재료
설탕	0~8	4~8	정백당, 껍질색, 발효에 사용
유지	0~5	3~5	기능성
탈지분유	0~6	3~5	껍질색, 완충제 역할
제빵개량제	0~2	1~2	저당배합의 빵류에 사용

🔖 배합표 계산법

- 각 재료의 무게(g)= 밀가루 무게(g) X 각 재료 비율(%)

- 밀가루 무게(g) = $\dfrac{\text{밀가루 비율(\%) X 총 반죽무게(g)}}{\text{총 배합률(\%)}}$

- 밀가루 무게(g) = $\dfrac{\text{총 배합률(\%) X 밀가루 무게(g)}}{\text{밀가루 비율(\%)}}$

② 반죽(Mixing)

재료의 혼합으로 밀 단백질인 글리아딘(gliadin)과 글루테닌(glutenin)이 물과 결합하여 글루텐을 형성시키는 과정으로 기계의 성능과 특성에 따라 10~15분간 믹싱하고 반죽희망온도는 25~29℃로 한다.

🔖 반죽온도 계산법

- 마찰계수 = (반죽결과온도 X 3) − (밀가루온도 + 실내온도 + 수돗물온도)

- 사용수온도 = (희망반죽온도 X 3) − (밀가루온도 + 실내온도 + 마찰계수)

- 얼음사용량 = $\dfrac{\text{사용할 물 무게 X(수돗물온도 − 사용수온도)}}{\text{80 + 수돗물온도}}$

✔ 반죽의 목적

   ① 모든 재료를 균일하게 분산, 혼합시킨다.

   ② 밀가루에 물을 흡수시켜 밀 단백질을 결합시킨다.

   ③ 반죽에 공기를 혼입시킨다.

   ④ 글루텐을 발전시킨다.

✅ 반죽단계

- 픽업단계(pick up stage): 2~3분간 믹싱한 상태로 재료가 혼합되어 수분이 흡수되는 단계이며 글루텐 결합은 생기지 않는다.(ex: 데니시 페이스트리 등)
- 클린업단계(clean up stage): 5~6분간 믹싱한 상태로 반죽이 한 덩어리로 만들어지고 글루텐 결합이 일부 발전된 단계이며 이때 보통 유지를 첨가한다.(ex: 프랑스빵, 냉장 발효빵 등)
- 발전단계(development stage): 7~8분간 믹싱한 상태로 반죽이 매끈하며 글루텐의 결합이 가장 많이 진행되는 시기로 최대의 탄력성을 갖게 되는 단계이다.(ex: 프랑스빵, 공정이 많은 빵 등)
- 최종단계(final stage): 10~13분간 믹싱한 상태로 반죽이 부드럽고 윤기가 생기며, 반죽을 늘려보면 얇은 글루텐 막이 형성되는 시기로 탄력성과 신장성이 최대가 되는 단계이다.(ex: 대부분의 식빵류와 일반 빵류)
- 렛다운 단계(let down stage): 15분 이상 믹싱한 상태로 글루텐 구조가 약해져 반죽의 탄력성이 약해지고 신장성은 최대인 시기로 반죽이 늘어지고 퍼지는 단계이다.(ex: 틀을 사용하는 햄버거빵이나 잉글리쉬 머핀)
- 브레이크다운 단계(break down stage): 글루텐이 더 이상 결합하지 못하고 파괴되어 탄력성과 신장성을 모두 상실한 단계로 제품을 만들기에는 부적절한 상태이다.

✅ 최적 · 언더 · 오버 믹싱

- 최적 믹싱: 가장 좋은 상태의 반죽 정도를 가리킨다.
- 언더 믹싱(어린 반죽): 믹싱이 부족한 상태로 작업성이 떨어지고, 제품의 부피가 작으며 속결이 짙고 어두우며 모양이 각지기 쉽다.
- 오버 믹싱(지친 반죽): 믹싱이 지나친 상태로 작업성이 떨어지고, 반죽이 끈적거리며 제품의 부피가 작거나 크고 속결이 희고 윤기가 부족하며 신 냄새가 난다. 지친 정도가 클수록 플로어타임을 길게 잡으면 어느 정도 회복된다.

③ 1차 발효(Fementation)

반죽온도 27℃, 상대습도 75~80%에서 부피 3.5~4배 정도 발효시키는 과정이다.

✔ 발효의 목적

① 반죽을 팽창시켜 부드러운 제품을 만들어 노화를 지연시킨다.

② 반죽 중에 발효 생성물을 축적해 빵의 풍미를 증가시킨다.

③ 반죽의 글루텐을 숙성시킴으로써 가스의 포집과 유연성을 증대시켜 성형 시 취급을 용이하게 한다.

④ 이스트의 발효력을 증대시킨다.

✔ 1차 발효의 완료점

① 처음 부피의 3~3.5배 정도 부푼 상태

② 손가락 테스트: 발효된 반죽의 중앙부를 손가락으로 눌렀을 때 아랫부분은 살짝 오므라들고 윗부분은 그대로 있는 상태

③ 반죽상태: 반죽 내부에 섬유질상태의 직물구조가 있고, 색깔과 냄새 등으로 판단

④ 분할(Dividing)

1차 발효가 완료된 반죽을 팬의 크기와 모양에 의해 원하는 양만큼 정확히 나누는 공정으로 기계분할과 손분할이 있으며 발효가 계속 진행되지 않도록 20분 이내에 완료해야 하고 지나친 덧가루 사용은 빵 속 줄무늬의 원인이 되므로 최소화해야 한다.

⑤ 둥글리기(Rounding)

분할된 반죽을 둥글리면서 표면을 매끄럽고 동그랗게 만들어 반죽의 잘린 단면을 정리하여 발효 중 생성된 기포를 제거하는 과정이다.

✔ 둥글리기의 목적

① 흐트러진 글루텐의 구조를 정돈시켜 준다.

② 중간발효 중 발생하는 가스를 보유할 수 있게 함으로써 성형을 용이하게 한다.

③ 반죽의 기공을 일정하게 조절한다.

④ 반죽 표면에 얇은 막을 형성하게 하여 탄력성을 갖게 한다.

⑥ 중간발효(Intermediate Proof)

성형하기 전 반죽온도 27~29℃, 상대습도 70~75% 내외에서 부피 1.5배 정도 10~20분간 발효시키는 과정으로 표면 건조를 방지하며 벤치타임(bench time)이라고도 한다.

✅ 중간발효의 목적

① 손상된 글루텐 조직을 재정돈시켜 준다.

② 탄력성과 신장성을 증가시켜 밀어펴기를 쉽게 하고 정형 시 작업성을 좋게 한다.

③ 반죽을 완화시켜 유연성을 회복시킨다.

⑦ 정형(Moulding)

중간발효한 반죽을 패닝하기 전에 일정한 모양을 내거나 충전물을 넣어 제품의 형태를 만드는 과정으로 밀어펴기, 말기, 봉하기 순서로 이루어진다.

⑧ 패닝(Panning)

정형한 반죽의 이음매부분이 아래로 향하도록 철판에 나열하거나 틀에 넣는 과정이다.

✅ 패닝방법

① 팬의 온도는 32~35℃가 적정하다.

② 팬 기름은 발연점이 높은 기름을 사용하며 반죽 무게 0.1~0.2%의 적정량만 사용한다.

③ 반죽의 이음매는 팬의 바닥에 놓이도록 한다.

④ 팬의 크기와 부피에 맞는 반죽양을 사용한다.

⑨ 2차 발효(Proof)

반죽온도 35~43℃, 상대습도 85~90%에서 30분~1시간 최종발효시킴으로써 글루텐의 숙성과 팽창을 결정짓는 과정이다.

✅ 2차 발효의 목적

① 반죽 팽창에 충분한 가스를 포집시킨다.

② 알코올, 유기산, 에스테르, 알데히드 등 방향성 물질을 생성시켜 풍미를 증가시킨다.

③ 반죽의 부피를 다시 팽창시켜 부드러움이 생기도록 한다.

④ 바람직한 식감과 외형을 갖추게 한다.

⑤ 이스트를 활성화시켜 오븐팽창을 돕는다.

✅ 2차 발효의 완료점

① 완제품의 70~80%의 부피로 부푼 상태여야 한다.

② 반죽의 모양, 기포의 크기, 투명도로 판단한다.

③ 손가락으로 눌렀을 때 반죽의 저항성으로 판단한다.

④ 틀의 용적에 대한 부피 증가로 판단한다.

⑩ 굽기(Baking)

반죽에 열을 가하는 과정으로 제품과 반죽 양에 따라 온도와 시간을 조절해야 한다. 보통 반죽의 양이 적은 반죽은 높은 온도에서 단시간 굽고, 반죽의 양이 많을 경우에는 낮은 온도에서 장시간 굽는다.

✅ 굽기의 목적

① 탄산가스의 열팽창에 의해 빵의 모양과 부피를 갖추게 한다.

② 전분을 호화시켜 소화하기 쉬운 제품으로 만든다.

③ 빵 속의 구조를 형성시켜 껍질색을 내고 맛과 향을 향상시킨다.

✅ 굽기의 일반적 원칙

① 고배합과 중량이 많은 제품은 저온에서 장시간 굽는다.

② 저배합과 중량이 적은 제품은 고온에서 단시간 굽는다.

③ 언더베이킹은 높은 온도로 단시간에 구운 현상으로 제품에 수분이 많고 덜 익어 가라앉기 쉽다.

④ 오버베이킹은 낮은 온도에서 장시간 굽는 현상으로 제품에 수분이 적고 노화가 빠르게 진행된다.

⑤ 하드롤, 호밀빵 등은 많은 양의 증기와 높은 온도가 필요하다.

⑥ 당 함량이 높은 과자빵과 분유가 많이 사용된 빵은 저온에서 굽는다.

⑪ 냉각(Cooling)

갓 구워낸 빵 속의 적정한 냉각온도는 35~40℃, 수분함량은 38%이다.

빵의 노화는 오븐에서 나오자마자 바로 진행되며 −18℃ 이하에서 정지, −7~10℃ 사이에서 노화가 가장 빨리 진행된다.

⑫ 포장(Wrapping)

수분증발 방지로 제품의 노화 지연 및 상태를 보호하고 제품의 가치를 높이며 미생물의 오염을 막기 위하여 적합한 재료나 용기 등으로 포장하는 과정이다.

빵 온도 35~40℃에서 포장하는 것이 가장 이상적이며, 너무 높은 온도에서는 보존성이 낮아지고 찌그러지기 쉬우며, 너무 낮은 온도에서는 껍질이 딱딱하고 노화가 빨리 진행된다.

(2) 스트레이트법의 장단점(스펀지법과 비교)

✅ 장점 : ① 제조공정이 단순하여 시간과 노동력 절감

② 발효시간이 짧아 발효손실 감소

③ 제조장, 제조설비가 간단해서 소규모 공장에 적합

✅ 단점 : ① 작업에 잘못된 공정의 수정이 어려움

　　　　② 발효 내구성이 약함

　　　　③ 노화가 빠름

　　　　④ 발효향이 약함

2) 스펀지 도법(Sponge/dough method)

중종반죽법이라고도 하며, 두 번에 걸쳐 반죽하는 방법이다. 먼저 밀가루의 55~60%를 이스트와 물을 섞어 반죽한 뒤 2~5시간 발효시키는 첫 번째 반죽을 스펀지(Sponge)라 하고 나머지 밀가루와 재료를 넣고 두 번째 믹싱하는 반죽을 도(dough, 도우)라 한다. 대규모 제빵 공장에서 사용되는 제빵법이다.

(1) 제조공정

재료 계량 → 스펀지믹싱 → 1차 발효 → 본(도우)믹싱 → 플로어 타임 → 분할 → 성형 → 패닝 → 2차 발효 → 굽기 → 냉각 → 포장

① 재료 계량

재료	스펀지(Sponge)(%)	본반죽(Dough)(%)
강력분	60~100	0~40
물	스펀지 밀가루의 55~60	전체 = 밀가루의 56~68 전체 - 스펀지
이스트	1~3	0~2(추가)
이스트푸드	0~0.5	-
제빵개량제	0~1	-
소금	-	1.5~2.5
설탕	-	0~8
쇼트닝	-	0~5
탈지분유	-	0~6

② 스펀지 믹싱

온도 22~26℃, 반죽시간 저속 3~4분, 픽업단계까지 믹싱

③ 1차 발효(스펀지 발효)

온도 27℃, 상대습도 75~80%, 부피 3.5~4배

④ 본(도우)믹싱

① 1차 발효된 스펀지 반죽에 도우 재료를 넣고 믹싱

② 온도 : 25~29℃

⑤ 플로어타임

① 2차 믹싱 후 중간발효 10~40분

② 스펀지 믹싱에 밀가루가 많을수록 플로어타임 단축됨

⑥ 성형

분할 → 둥글리기 → 중간발효 → 정형 → 패닝

⑦ 2차 발효

굽기 - 냉각 - 포장

(2) 스펀지법의 장단점

✔ 장점 : ① 작업공정이 길어 융통성 발휘

② 잘못된 공정 수정 가능

③ 노화가 빠름

④ 발효향이 약함

✅ 단점 : ① 설비, 노동력, 장소, 경비 증가

② 발효손실 증가

③ 긴 작업공정시간

3) 액체발효법(Liquid fermentation dough method)

스펀지의 결점을 보완하기 위한 방법으로 중종 대신 액체발효종인 액종을 사용한 제빵법이다. 이스트, 설탕, 소금, 이스트푸드, 맥아에 물을 섞고 분유와 완충제를 넣어 액종을 만들어 반죽하는 방법이다.

(1) 제조공정

재료 계량 → 액종 발효 → 본반죽 믹싱 → 플로어타임 → 성형 → 패닝 → 2차 발효 → 굽기 → 냉각 → 포장

① 재료 계량

재료	액종(%)	본반죽(%)
물	30	25~35
이스트	2~3	–
설탕	3~4	2~5
이스트푸드	0.1~0.5	–
탈지분유	0~4	–
소금	–	1.5~2.5
밀가루	–	100
유지	–	3~6
액종	–	35

② **액종발효**

    ① 30℃에서 2~3시간 발효

    ② 분유와 탄산칼슘, 염화암모늄 등 완충제를 사용하여 pH의 하강 지연

    ③ 액종발효점 : pH 4.2~5.0

③ **본반죽 믹싱**

    ① 액종과 본반죽 재료를 넣고 믹싱

    ② 반죽온도 : 28~32℃

④ **플로어타임**

    15분 정도

⑤ **성형**

    분할 → 둥글리기 → 중간발효 → 정형

⑥ **2차 발효 - 굽기 - 냉각 - 포장**

(2) 액체발효법의 장단점(스펀지법과 비교)

    ✔ 장점 : ① **발효시간이 짧아 발효손실 감소**

            ② 대량 제조 가능

            ③ 펌프와 탱크의 설비로 생산에 대한 설비와 장소 감소

            ④ 노화지연

    ✔ 단점 : ① **산화제 사용 증가**

            ② 대형설비로 위생관리가 어려움

4) 연속식 제빵법(Continuous dough mixing system)

액체발효법으로 발효시킨 액종을 사용한 연속진행 방법이며 공정과정이 모두 자동기계로 진행되는 제빵법이다. 액종과 본반죽용 재료를 예비 혼합기에 넣고 반죽기, 분할기로 보내 연속적으로 반죽, 분할, 패닝이 이뤄지게 한다.

(1) 제조공정

재료 계량 → 액종 발효 → 열교환기 → 산화제 용액탱크 → 쇼트닝 온도조절기 → 밀가루 급송장치 → 예비혼합기 → 디벨로퍼 → 분할 → 패닝 → 2차 발효 → 굽기 → 냉각 → 포장

(2) 연속식 제빵법의 장단점

✔ 장점 : ① 설비감소
② 공간면적의 절약
③ 노동력 감소
④ 발효 손실과 재료손실의 감소

✔ 단점 : ① 제품생산에 있어 다양성이 떨어짐
② 초기의 설비투자로 경제적 부담 큼

5) 비상반죽법(Emergency dough method)

제조시간 단축 시에 사용되는 제법으로 표준반죽법을 기본으로 하면서 발효속도를 촉진시켜 짧은 시간에 제품을 만들어내는 방법이다.

(1) 비상반죽 시 필수적 조치사항

① 반죽 믹싱시간 20~25% 증가
② 이스트 사용량 2배 증가

③ 반죽온도 30~31℃로 상승

④ 물 사용량 1% 감소시켜 흡수율을 낮춤

⑤ 설탕 사용량 1% 감소

⑥ 발효시간 15분으로 단축

(2) 비상반죽 시 선택적 조치사항

① 소금 사용량 1.75%로 감소

② 분유 사용량 1% 정도 감소

③ 이스트푸드의 사용량 0.5%로 증가

④ 반죽의 pH를 낮추기 위해 식초나 젖산 0.5% 첨가

(3) 표준스트레이트법을 비상스트레이트법으로 전환

재료	스트레이트법(%)	비상스트레이트법(%)
밀가루	100	100
물	63	62
이스트	2	4
이스트푸드	0.1	0.1~0.5
설탕	6	5
쇼트닝	4	4
탈지분유	3	3~2
소금	2	2~1.75
식초	-	0~0.5
반죽온도	27℃	30℃
반죽시간	15분	18분
발효시간	120분	15~30분

(4) 비상반죽법의 장단점

✅ 장점 : ① 노동력과 임금 절약

② 비상시 빠르게 대처

✅ 단점 : ① 저장성이 짧고 노화가 빠름

② 발효향이 약하며 이스트 냄새가 날 수 있음

③ 부피가 고르지 못함

6) 그 밖의 제빵법

(1) 노타임반죽법(No-Time dough method)

스트레이트법에 속하며 산화제인 브롬산칼륨($KBrO_3$), 요오드산칼륨(KIO_3)과 환원제인 L-시스테인, 프로테아제 사용으로 1차 발효를 생략하거나 단축하여 전체적인 공정시간을 줄이는 방법으로 무발효반죽법이라고도 한다.

반죽이 부드러우며 흡수율이 좋고 빵의 속결이 고르고 치밀한 반면 풍미와 발효내구성이 약하고 제품에 윤기가 없다.

(2) 냉동반죽법(Frozen dough method)

1차 발효가 끝난 반죽을 −40℃로 급랭시킨 후 −18℃에서 −25℃로 저장하여 필요시에 활용하는 반죽법으로 냉동 저장 시 이스트가 죽어 가스 발생력이 떨어지므로 일반반죽보다 이스트 사용량을 2배가량 늘려 사용하며 급속 동결해야 한다.

발효시간이 줄어 전체 제조시간이 절감되고 노화가 지연되며 발효향이 풍부하고 다품종, 소량 생산 가능, 운송배달이 편리하다는 점에 비해 가스 발생력과 보유력, 탄력성이 떨어진다.

(3) 재반죽법(Remixed straght dough method)

스트레이트법의 변형으로 스펀지법의 장점을 반영한 방법이다. 모든 재료를 한꺼번에 넣고 물만 8% 정도 조금 남겨두었다가 발효된 후 나머지 물을 넣고 재반죽하는 제법이다.

스펀지법에 비해 공정이 짧으며 제품의 질이 균일하고 식감과 색상이 양호하며 풍미가 좋은 것이 장점이다.

(4) 찰리우드법(Chorleywood dough method)

초고속 반죽법으로 영국 찰리우드 지방에 위치한 빵 공업연구회가 고안한 것으로 초고속기계를 이용하여 반죽한 뒤 화학약품을 사용하여 숙성시키는 제법으로 공정시간이 짧은 반면 제품의 내상이 나쁘고 노화가 빠르며 풍미가 떨어진다.

(5) 오버나이트 스펀지법(Over Night Sponge dough method)

12~24시간 동안 발효시킨 스펀지를 이용하는 제법으로 장시간 발효 스펀지법이라고도 하며 신장성이 좋고 발효 향과 맛이 강하며 저장성이 높고 저배합 빵에 적합하다. 단점으로 장시간 발효하므로 발효 손실이 크고 신맛이 나기 쉬우며 고도의 기술이 요구된다.

3. 제빵제품 평가

1) 외부적 요인

- 부피 : 기존 틀의 용적에 대한 반죽 무게를 계산한 제품의 부피, 즉 반죽무게에 대한 제품의 부피로 평가한다. 기준보다 너무 크다거나 작으면 조직과 속결에 차이가 생긴다.
- 외형의 균형: 양쪽으로 기울지 않고 대칭형태여야 한다.
- 껍질색 : 색이 너무 어둡거나 여리거나 줄무늬가 있어서는 안 되며, 제품의 바닥면, 옆면, 윗면이 조화롭게 착색되어 황금빛 갈색이 표면에 균일하게 나타나야 한다.

• 껍질의 성질 : 껍질이 너무 두껍거나 딱딱하지 않아야 하며 부서지기 쉬운 형태가 아니어야 한다.

• 터짐과 찢어짐 : 한쪽 면에만 형성되거나 너무 심한 터짐 혹은 없거나 하지 않은 적당한 터짐과 찢어짐이 나타나야 한다.

2) 내부적 요인

• 기공 : 글루텐이 가스를 포집하여 생긴 것으로 얇은 세포벽의 기공이 일정한 크기로 형성되어야 한다.

• 조직 : 빵을 절단하여 절단된 면을 누르거나 문지를 때의 느낌으로 평가하며, 부드럽고 매끄러우며, 거칠거나 물렁하거나 부스러지는 느낌이 없어야 한다.

• 속 색깔 : 너무 어둡거나 여리지 않고 얼룩이나 줄무늬가 없이 윤기가 나야 한다.

• 풍미 : 신 냄새 없이 제품 특유의 좋은 향이 있어야 한다.

• 맛 : 빵에 있어 가장 중요한 평가로 제품 고유의 맛이 있어야 한다.

• 입안에서의 감촉 : 빵을 씹을 때 느끼는 것으로 물렁하거나 거칠고 까칠한 느낌 없이 좋은 식감이 있어야 한다.

3 제과제빵용 기계 및 기구

1. 기계류

믹서(Mixer)

- 혼합 · 반죽용 기구로 재료를 분산시키고 글루텐의 힘을 알맞게 키워 원하는 상태의 반죽을 만들고 반죽에 공기를 포함시키는 기능을 한다.
- 믹서는 반죽하기 위해 재료를 넣어 섞는 원통형 용기와 빵 반죽용 훅(Hook), 달걀이나 생크림의 거품을 올릴 때 사용하는 휘퍼(Whipper), 버터, 마가린 등의 유지를 크림상태로 만들 때 사용하는 비터(Beater)로 구분된다.

발효기(Proof Box)

- 반죽의 발효를 돕는 기계로 반죽이 최적의 상태에서 발효되도록 온도와 습도를 조절하여 사용한다.

오븐(Oven)

- 오븐의 종류에는 가장 보편적인 형태의 데코 오븐과 대류식 오븐으로 뜨거운 공기를 순환시켜 제품을 굽는 컨벤션 오븐, 래크째로 오븐에 넣고 굽는 로터리 오븐 등이 있다.
- 반죽의 특성에 맞추어 오븐에 온도와 시간을 관리하여 빵이나 과자를 굽는 기계로 사용한다.

생크림 기계(Fresh Cream Machine)

- 소형믹서기로 소량의 달걀이나 생크림을 제조하는 데 사용한다.

파이롤러(Pie Roller)

- 롤러의 간격을 조절하여 반죽을 균일하게 밀어펴는 기계로 파이나 페이스트리 등의 제조에 사용한다.

튀김기(Fryer)

- 자동온도 조절장치가 부착되어 있는 기계로 제품에 따라 온도의 변화를 줄여 일정한 온도를 유지할 수 있으며 도넛 등 튀김용 제품을 만드는 데 사용한다.

2. 기구류

평철판(Baking Sheet)

- 성형한 빵제품을 패닝할 때, 쿠키를 짤 때, 롤 케이크 등을 만들 때 위생지를 깔고 사용하며, 표면에 코팅이 된 평평한 철제 판으로 다양한 재질과 규격이 있다.

타공판(Perforated Baking Sheet)

- 냉각팬이라고도 하며 작은 구멍이 나 있는 알루미늄 평철판으로 제품을 냉각시킬 때 사용한다.

식빵 팬(White Bread Pan)

- 식빵을 만들 때 사용하는 틀로 직육면체 모양의 크기에 따라 여러 가지가 있다.

풀만식빵 팬(Pullman Bread Pan)

- 샌드위치용 식빵을 만들 때 사용되는 뚜껑이 있는 직사각형 틀로 크기에 따라 여러 가지가 있다.

바게트팬(Baguette Pan)

- 바게트를 구울 때 사용하는 틀로 알루미늄 타공판에 빵 모양의 오목한 홈이 있다.

원형 케이크 팬(Round Cake Pan)

- 버터스펀지 케이크, 멥쌀스펀지 케이크 등 데코레이션 케이크시트를 만들 때 사용하며, 원형 팬으로 직경이 18cm인 2호, 21cm인 3호 등 여러 가지 크기가 있다.

시퐁 팬(Chiffon Pan)

- 몸체 분리가 가능한 원통형으로 완성된 제품의 윗면에 둥근 곡선이 나타나며, 시퐁 케이크를 만들 때 사용한다.

브리오슈 팬(Brioche Pan)

- 눈사람 모양의 브리오슈를 구울 때 사용하며, 테두리가 물결무늬로 입구가 넓은 작은 원형 팬이다.

다쿠와즈 틀(Dacquoise Mold)

- 위, 아래 부분이 뚫린 타원 형태의 틀로 다쿠와즈 제품을 만들 때 위생지나 실리콘페이퍼를 깔고 사용한다.

머핀 팬(Muffin Pan)

- 소형 컵케이크 팬으로 초코머핀, 마데라 컵케이크 제품을 만들 때 사용한다.

마드레느 팬(Madeleine Pan)

- 마드레느 제품을 만들 때 사용하는 조개껍질 모양의 틀이다.

파이 팬(Pie Pan)

- 사과파이, 호두파이 제품을 만들 때 사용하며, 옆면이 위로 갈수록 벌어지는 얕은 원형 팬이다.

타르트 팬(Tart Pan)

• 반죽을 깔고 크림이나 과일을 채워 타르트 제품을 만들 때 사용하며, 물결무늬의 얕은 원형 팬이다.

구겔호프 팬(Gugelhopf Pan)

• 구겔호프 제품을 만들 때 사용하며, 가운데 원형 기둥이 있는 원통형으로 표면에 나선형의 굴곡이 나 있다.

피낭시에 틀(Financier Mold)

• 아몬드가루, 버터, 흰자, 설탕을 주재료로 버터 반죽을 이용한 피낭시에 과자를 만들 때 사용하는 장방형 틀이다.

피자 팬(Pizza Pan)

• 피자파이를 만들 때 사용하며, 얕은 원형 팬이다.

무스 틀(Mousse Mold)

• 무스를 만들 때 사용하며, 원형, 정사각형, 직사각형 등 다양한 모양과 크기를 가진 틀이다.

래크(Rack)

• 굽기가 끝난 제품을 냉각시킬 때, 철판이나 패닝한 제품을 끼워 공간을 이동하거나 대기할 때 등 공간 활용에 이용되며, 바퀴가 달려 있어 작업에 용이하게 사용한다.

3. 소도구류

스텐볼(Stainless Steel Bowl)

• 여러 가지 크기의 스테인리스 용기로 재료를 계량하거나 믹싱, 혼합 작업을 할 때 등 다양한 용도로 사용한다.

스쿱(Scoop)

• 밀가구, 설탕 등 가루재료를 퍼내는 데 사용한다.

가루체(Sieve)

- 밀가루 등의 가루재료를 체 칠 때나 튀김제품을 건지는 데 사용한다.

분당체(Sugar Sieves)

- 분당 등을 제품의 표면에 고르게 뿌리는 데 사용하는 작은 체다.

거품기(Whisk)

- 재료를 혼합하거나 부드럽게 풀어줄 때, 달걀의 거품을 올릴 때 사용한다.

스크레이퍼(Scraper)

- 반죽을 한데 모으거나 반죽 윗면을 평평하게 고를 때 사용되는 도구로 스테인리스와 플라스틱제가 있다.

나무주걱(Wooden Spatula)

- 재질이 나무로 끝이 둥글기 때문에 볼이나 냄비가 긁히지 않아 여러 재료를 섞거나 볶을 때, 또는 저을 때 사용한다.

주걱(Spatula)

- 반죽을 긁어내거나 혼합할 때, 또는 반죽 윗면을 평평하게 고를 때, 반죽을 짤주머니에 담을 때 등에 사용하며 고무주걱, 플라스틱주걱, 알뜰주걱 등이 있다.

붓(Brush)

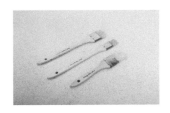

- 제품 표면에 달걀물이나 버터 칠을 할 때, 덧가루를 털어낼 때 등에 사용한다.

온도계(Thermometer)

- 반죽의 온도, 튀김 기름의 온도 등을 측정하는 데 사용되며 제빵용 온도계와 튀김 온도계가 있다.

저울(Weight Scale)

- 재료의 정확한 무게를 계량하는 데 이용되며, 추를 사용한 부등비 저울과 전자저울 등이 있다.

계량컵(Measuring Cup)

- 액체를 부피로 계량할 때 사용한다.

스패튤러(Spatula)

- 케이크를 아이싱하거나 장식용 크림을 바를 때, 철판에 반죽을 붓고 표면을 고르게 펼 때 사용하며, L자형과 일자형이 있다.

빵칼(Bread Knife)

- 완성된 빵이나 케이크, 케이크시트 등을 자르는 데 사용한다.

밀대(Rolling Pin)

• 둥근 막대 모양으로 반죽을 일정한 두께로 밀어펴거나 정형하는 데 사용한다.

앙금주걱(Sediment Spatula)

• 빵 반죽 속에 앙금이나 크림 등을 충전할 때 혹은 찹쌀도넛, 밤과자 제품을 성형할 때, 다쿠와즈 제품 등에 크림을 샌드할 때 사용한다. 보통 헤라라고도 부른다.

비중컵

• 반죽의 비중을 체크하기 위하여 물 무게, 반죽 무게를 계량할 때 사용하며, 바닥이 깊고 위쪽이 벌어진 원통형의 소형 틀이다.

스파이크 롤러(Spike Roller)

• 롤러식으로 같은 간격으로 골고루 구멍을 낼 때 사용하며 철제와 플라스틱제가 있다.

페이스트리 휠(Pastry Wheel)

- 밀어편 페이스트리 도우를 같은 모양과 크기로 자르는 데 사용한다.

쿠키커터(Cookie Cutter)

- 일정한 두께로 밀어편 비스킷 반죽을 원하는 모양으로 찍어내는 도구로 쇼트브레드 쿠키 제품을 만들 때 사용한다.

돌림판(Turntable)

- 구워낸 케이크, 파이를 올려놓고 돌리면서 아이싱하거나 코팅, 장식할 수 있는 회전받침대이다.

모양깍지(Piping Tubes)

- 짤주머니 끝에 끼워 반죽을 철판에 짜놓거나 케이크 등의 표면에 장식용 크림을 짤 때 사용하는 도구로 별, 동그라미, 꽃, 물결, 잎 모양 등의 여러 가지 모양이 있다.

짤주머니(Pastry Bag)

• 반죽을 담는 방수재질의 원추모양 주머니로 모양깍지를 끼워 머랭, 슈 반죽, 생크림, 아이싱 등을 채워 넣고 짜내는 데 사용한다.

데코레이션 콤(Decoration Comb)

• 삼각날 톱으로 측면에 톱날이 있어 데코레이션 케이크 등의 모양을 낼 때나 초콜릿데모에 사용한다.

케이크분할기(Cake Divider)

• 금속이나 플라스틱으로 만든 원형으로 데코레이션 케이크를 분할할 때 표시하여 자르기 위해 사용한다.

초콜릿 성형틀(Chocolate Mold)

• 갖가지 모양이 음각된 틀로 템퍼링한 초콜릿을 붓고 모양을 뜨는데 사용한다.

초콜릿 포크(Chocolate Fork)

• 다양한 종류의 모양으로 초콜릿 옷을 입히거나 굴릴 때, 씌운 초콜릿 표면에 모양을 새길 때 등 초콜릿 작업을 할 때 사용한다.

마지팬 도구(Marzipan Stick)

• 마지팬 장식용에서부터 공예과자 등 다양한 제품을 만들 때 세밀한 곳의 세공에 이용한다.

실리콘페이퍼

• 테프론시트로 질기고 표면이 매끄럽고 열에 잘 견디기 때문에 반영구적으로 사용하며 마카롱쿠키, 다쿠와즈 등의 제품을 만들 때 철판 위에 깔고 사용한다.

MEMO

Chapter
2

제과기능사
실기

스펀지케이크
Sponge Cake
시험시간 1시간 50분

⭐ 버터로 만든 스펀지 케이크로 데코레이션 케이크를 만들 때도 사용한다. 달걀을 거품 내는 방법으로
별립법에 비해 조밀하고 거품의 크기가 작아 무거운 것이 특징이다.

✅ 요구사항

※ 스펀지케이크(공립법)를 제조하여 제출하시오.

❶ 배합표의 각 재료를 계량하여 재료별로 진열하시오(6분).

• 재료계량(재료당 1분) → [감독위원 계량확인] → 작품제조 및 정리정돈(전체시험시간−재료계량시간)
• 재료계량 시간 내에 계량을 완료하지 못하여 시간이 초과된 경우 및 계량을 잘못한 경우는 추가의 시간 부여 없이 작품제조 및 정리정돈 시간을 활용하여 요구사항의 무게대로 계량
• 달걀의 계량은 감독위원이 지정하는 개수로 계량

❷ 반죽은 공립법으로 제조하시오.

❸ 반죽온도는 25℃를 표준으로 하시오.

❹ 반죽의 비중을 측정하시오.

❺ 제시한 팬에 알맞도록 분할하시오.

❻ 반죽은 전량을 사용하여 성형하시오.

✅ 반 죽 법 : 공립법(0.55±0.05)   ✅ 반죽온도 : 25℃ ± 1℃   ✅ 생 산 량 : 3호팬(21cm) 원형 4개

✅ 배합표

재료명	비율(%)	무게(g)
박력분	100	500
설탕	120	600
달걀	180	900
소금	1	5(4)
바닐라향	0.5	2.5(2)
버터	20	100
계	421.5	2,107.5 (2,106)

✅ 준비물

• 3호 원형 팬   • 가루체
• 위생지   • 온도계
• 주걱   • 비중컵

✅ 제조공정

재료 계량	❶ 재료를 지정한 용기에 계량하여 무게를 측정하고 재료별로 진열한다.
	❷ 전 재료를 제시한 6분 내에 손실과 오차 없이 정확히 계량한다.
전처리	❶ 가루재료를 가볍게 혼합하여 체에 쳐 이물질을 제거한다.
	❷ 버터는 중탕으로 40~60℃ 정도로 용해시켜 준비한다.
반죽	❶ 믹싱 볼에 달걀을 넣고 풀어준 다음 설탕, 소금을 넣고 저속으로 섞는다.
	❷ 설탕이 어느 정도 용해되면 중속-고속으로 믹싱한다.(실내온도가 낮을 경우 따뜻한 물을 볼에 받쳐 중탕하여 38~43℃에서 거품을 올리면 거품 상태가 좋다)
	❸ 반죽을 찍어 올렸을 때 일정한 간격을 두고 천천히 떨어지는 상태까지 거품을 올린다.
	❹ 믹싱이 완료되면 중속으로 낮추어 기포를 균일하게 해준다.
	❺ 반죽에 체에 친 박력분과 바닐라향을 넣어 가볍게 섞는다.
	❻ 40~60℃로 용해시킨 버터에 반죽의 일부를 넣어 섞은 후 본반죽에 넣고 가라앉지 않도록 빠르고 고르게 섞는다.
패닝	❶ 원형 팬의 내부에 위생지를 팬의 높이보다 0.5~1cm 올라오게 재단하여 깐다.
	❷ 원형 팬에 반죽을 60% 정도 균일하게 채운다.
	❸ 반죽 표면을 고무주걱으로 고르게 펴주고 작업대에서 살짝 떨어뜨려 큰 기포를 제거한다.
굽기	❶ 윗불 180℃, 아랫불 160℃ 오븐에서 25~30분 정도 굽는다.
	❷ 색이 나면 팬의 위치를 바꾸어 전체 제품의 색이 균일하게 나도록 한다.
마무리	❶ 오븐에서 꺼내 작업대에 살짝 떨어뜨린 후 바로 팬에서 분리하여 냉각시킨다.

✅ 제조공정 평가항목

세부항목			
• 계량시간	• 반죽상태	• 팬 준비	• 구운 상태
• 재료손실	• 반죽온도	• 팬에 넣기	• 정리정돈 및 청소
• 정확도	• 비중	• 굽기 관리	• 개인 위생
• 믹싱법			

✅ 제품평가기준

세부항목	내용
부피	• 틀 위로 부풀어 오른 비율이 알맞아야 한다.
외부균형	• 찌그러짐 없이 원기둥 모양으로 대칭을 이루어야 한다.
껍질	• 두껍지 않고 반점이나 기포자국이 없으며 껍질이 벗겨지지 않아야 한다.
내상	• 기공과 조직이 크거나 조밀하지 않고 균일하며 밝은 황색을 띠고 줄무늬가 없어야 한다.
맛과 향	• 끈적거리거나 탄 냄새, 생 재료 맛이 나서는 안 된다.

Tip

• 껍질에 반점이 없도록 설탕을 완전히 녹여 균일한 황금갈색을 낸다.

• 반죽에 첨가하는 버터의 온도가 너무 높으면 기포가 가라앉기 쉽고 너무 낮으면 반죽과 분리되기 쉬우므로 온도에 유의한다.

• 오븐에서 꺼낸 제품을 작업대 바닥에 떨어뜨린 후 틀에서 바로 꺼내야 큰 기포를 제거하고 수축을 방지할 수 있다.

버터스펀지케이크

별립법

Butter Sponge Cake

시험시간 1시간 50분

❂ 버터로 만든 스펀지 케이크로 달걀을 흰자와 노른자로 나눠 각각 휘핑하여 섞는 방법으로 공립법에
  비해 가벼운 것이 특징이다.

✅ 요구사항

※ **버터스펀지케이크(별립법)를 제조하여 제출하시오.**

❶ 배합표의 각 재료를 계량하여 재료별로 진열하시오(8분).

- 재료계량(재료당 1분) → [감독위원 계량확인] → 작품제조 및 정리정돈(전체시험시간−재료계량시간)
- 재료계량 시간 내에 계량을 완료하지 못하여 시간이 초과된 경우 및 계량을 잘못한 경우는 추가의 시간 부여 없이 작품제조 및 정리정돈 시간을 활용하여 요구사항의 무게대로 계량
- 달걀의 계량은 감독위원이 지정하는 개수로 계량

❷ 반죽은 별립법으로 제조하시오.

❸ 반죽온도는 23℃를 표준으로 하시오.

❹ 반죽의 비중을 측정하시오.

❺ 제시한 팬에 알맞도록 분할하시오.

❻ 반죽은 전량을 사용하여 성형하시오.

✅ 반 죽 법 : 별립법(0.55±0.05)　　✅ 반죽온도 : 23℃ ± 1℃　　✅ 생 산 량 : 3호팬(21cm) 원형 4개

✅ 배합표

재료명	비율(%)	무게(g)
박력분	100	600
설탕(A)	60	360
설탕(B)	60	360
달걀	150	900
소금	1.5	9(8)
베이킹파우더	1	6
바닐라향	0.5	3(2)
용해버터	25	150
계	398	2,388(2,386)

✅ 준비물

- 3호 원형 팬
- 위생지
- 주걱
- 거품기
- 가루체
- 온도계
- 비중컵

✅ 제조공정

재료 계량	❶ 재료를 지정한 용기에 계량하여 무게를 측정하고 재료별로 진열한다. ❷ 전 재료를 제시한 8분 내에 손실과 오차 없이 정확히 계량한다.
전처리	❶ 가루재료를 가볍게 혼합하여 체에 쳐서 이물질을 제거한다. ❷ 버터는 중탕으로 40~60℃ 정도로 용해시켜 준비한다.
반죽	❶ 달걀을 노른자와 흰자로 분리한다. ❷ 용기에 노른자를 넣고 거품기로 풀어준 후 설탕(A)와 소금을 넣고 연한 미색이 될 때까지 고르게 섞는다. ❸ 물기가 없는 깨끗한 볼에 흰자를 넣고 60% 정도 거품을 만든 후 나머지 1/2의 설탕을 2~3차례 나눠 넣으며 거품을 올린다. ❹ 거품기에 반죽을 묻혀 치켜들었을 때 끝이 휘는 80~90% 정도의 머랭을 만든다. ❺ 노른자 반죽에 머랭 반죽 1/3을 넣고 섞어준다. ❻ 체에 친 박력분과 베이킹파우더를 가볍게 섞는다. ❼ 40~60℃로 용해시킨 버터에 반죽의 일부를 넣어 섞은 후 본반죽에 넣고 가라앉지 않도록 빠르게 골고루 섞는다. ❽ 반죽에 나머지 머랭을 넣고 거품이 꺼지지 않도록 가볍게 섞는다.
패닝	❶ 원형 팬의 내부에 위생지를 팬의 높이보다 0.5~1cm 올라오게 재단하여 깐다. ❷ 원형 팬에 반죽을 60% 정도 균일하게 채운다. ❸ 반죽 표면을 고무주걱으로 고르게 펴주고 작업대에 살짝 떨어뜨려 큰 기포를 제거한다.
굽기	❶ 윗불 180℃, 아랫불 160℃ 오븐에서 25~30분 정도 굽는다. ❷ 색이 나면 팬의 위치를 바꾸어 전체 제품의 색이 균일하게 나도록 한다.
마무리	❶ 오븐에서 꺼내 작업대에 살짝 떨어뜨린 후 바로 팬에서 분리하여 냉각시킨다.

✅ 제조공정 평가항목

세부항목			
• 계량시간	• 반죽상태	• 팬 준비	• 구운 상태
• 재료손실	• 반죽온도	• 팬에 넣기	• 정리정돈 및 청소
• 정확도	• 비중	• 굽기 관리	• 개인위생
• 혼합순서			

✅ 제품평가기준

세부항목	내용
부피	• 틀 위로 부풀어 오른 비율이 알맞아야 한다.
외부균형	• 찌그러짐 없이 원기둥 모양으로 대칭을 이루어야 한다.
껍질	• 두껍지 않고 반점이나 기포자국이 없으며 껍질이 벗겨지지 않아야 한다.
내상	• 기공과 조직이 크거나 조밀하지 않고 균일하며 밝은 황색을 띠고 줄무늬가 없어야 한다.
맛과 향	• 끈적거리거나 탄 냄새, 생 재료 맛이 나서는 안 된다.

Tip

• 노른자에는 흰자의 거품형성을 방해하는 지방성분이 있으므로 달걀을 분리할 때 흰자에 노른자가 섞이지 않도록 한다.

• 머랭은 80~90%(중간피크) 상태까지만 올린다.

• 오븐에서 꺼낸 제품을 작업대 바닥에 떨어뜨린 후 틀에서 바로 꺼내야 큰 기포를 제거하고 수축을 방지할 수 있다.

• 용해버터를 섞을 때 많이 저으면 비중이 높아져 딱딱한 반죽이 되므로 빠른 시간 내에 섞어야 한다.

젤리롤케이크
Jelly Roll Cake
시험시간 1시간 30분

✪ 공립법을 이용하여 만드는 제품으로 시트에 잼, 크림, 가나슈 등을 바르고 말아 만든 케이크이다.

✅ 요구사항

※ 젤리롤케이크를 제조하여 제출하시오.

❶ 배합표의 각 재료를 계량하여 재료별로 진열하시오(8분).

• 재료계량(재료당 1분) → [감독위원 계량확인] → 작품제조 및 정리정돈(전체시험시간-재료계량시간)

• 재료계량 시간 내에 계량을 완료하지 못하여 시간이 초과된 경우 및 계량을 잘못한 경우는 추가의 시간 부여 없이 작품제조 및 정리정돈 시간을 활용하여 요구사항의 무게대로 계량

• 달걀의 계량은 감독위원이 지정하는 개수로 계량

❷ 반죽은 공립법으로 제조하시오.

❸ 반죽온도는 23℃를 표준으로 하시오.

❹ 반죽의 비중을 측정하시오.

❺ 제시한 팬에 알맞도록 분할하시오.

❻ 반죽은 전량을 사용하여 성형하시오.

❼ 캐러멜 색소를 이용하여 무늬를 완성하시오.(무늬를 완성하지 않으면 제품 껍질 평가 0점 처리)

✅ 반 죽 법 : 공립법(0.5±0.05)   ✅ 반죽온도 : 23℃ ± 1℃   ✅ 생 산 량 : 둥글게 만 원통형 1개

✅ 배합표

재료명	비율(%)	무게(g)
박력분	100	400
설탕	130	520
달걀	170	680
소금	2	8
물엿	8	32
베이킹파우더	0.5	2
우유	20	80
바닐라 향	1	4
계	431.5	1,726

※충전용 재료는 계량시간에서 제외

잼	50	200

✅ 준비물

• 평철판	• 비중컵
• 위생지	• 스패튤러
• 주걱	• 붓
• 가루체	• 긴 밀대
• 온도계	• 면포

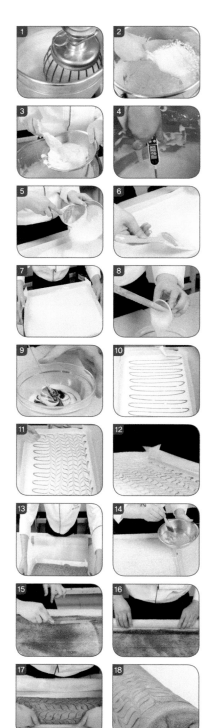

✅ 제조공정

재료 계량	❶ 재료를 지정한 용기에 계량하여 무게를 측정하고 재료별로 진열한다. ❷ 전 재료를 제시한 8분 내에 손실과 오차 없이 정확히 계량한다.
전처리	❶ 가루재료를 가볍게 혼합하여 체에 쳐 이물질을 제거한다.
반죽	❶ 믹싱 볼에 달걀을 넣고 풀어준 다음 설탕, 소금을 넣고 저속으로 섞는다. ❷ 설탕이 어느 정도 용해되면 중속-고속으로 믹싱한다. (실내온도가 낮을 경우 따뜻한 물을 볼에 받쳐 중탕하여 38~43℃상태에서 거품을 올리면 거품상태가 좋다) ❸ 반죽을 찍어 올렸을 때 일정한 간격을 두고 천천히 떨어지는 상태까지 거품을 올린다. ❹ 믹싱이 완료되면 저속으로 낮추어 기포를 균일하게 해준다. ❺ 반죽에 체에 친 박력분과 베이킹파우더, 바닐라향을 넣고 가볍게 섞는다. ❻ 40~60℃로 데운 우유를 넣으면서 반죽의 되기를 조절한다.
패닝	❶ 평철판의 내부에 위생지를 재단하여 깐다. ❷ 무늬내기에 사용할 소량의 반죽만 남기고 전 반죽을 팬에 채운다. ❸ 반죽 표면을 고무주걱으로 고르게 펴주고 작업대에 살짝 떨어뜨려 큰 기포를 제거한다.
무늬내기	❶ 남겨 놓은 소량의 본반죽에 캐러멜 색소를 넣고 밤색이 되도록 색을 조절하며 섞은 뒤 위생지나 비닐 짤주머니에 담는다. ❷ 패닝한 반죽 표면에 1.5~2cm 정도의 일정한 간격을 유지하며 지그재그로 짠 다음 젓가락 등으로 무늬를 만든다.
굽기	❶ 윗불 180℃, 아랫불 150℃ 오븐에서 20분 정도 굽는다. ❷ 색이 나면 팬의 위치를 바꾸어 전체 제품의 색이 균일하게 나도록 한다. ❸ 오븐에서 꺼내면 바로 팬에서 분리하여 냉각팬에 옮긴다.
잼 바르고 말아주기	❶ 면포를 물에 적셔 꼭 짠 뒤 작업대 위에 깐다. ❷ 구워낸 시트의 무늬 있는 부분이 면포 바닥으로 향하게 뒤집어엎고 물을 바른 후 위생지를 떼어낸다. ❸ 스패튤러를 이용하여 잼을 골고루 펴 바른 후 말기 시작부분에 1cm 간격으로 3군데 자국을 내준다. ❹ 긴 밀대를 이용하여 원기둥 모양으로 둥글게 말아준다.

✅ 제조공정 평가항목

세부항목			
• 계량시간	• 반죽상태	• 팬에 넣기	• 말기
• 재료손실	• 반죽온도	• 무늬 만들기	• 정리정돈 및 청소
• 정확도	• 비중	• 굽기 관리	• 개인위생
• 혼합순서	• 팬 준비	• 구운 상태	

✅ 제품평가기준

세부항목	내용
부피	• 말아놓은 제품이 주저앉지 않고 적절한 부피를 형성하며 일정한 원통형이어야 한다.
외부균형	• 찌그러짐 없이 상하좌우 대칭을 이루어야 한다.
껍질	• 무늬모양과 색이 고르고 껍질이 터지거나 주름이 없어야 한다.
내상	• 기공과 조직이 크거나 조밀하지 않고 균일하며 잼이 밖으로 흘러내리지 않아야 한다.
맛과 향	• 식감이 부드러우며, 끈적거리거나 탄 냄새, 생 재료 맛이 나서는 안 된다.

Tip

- 면포 대신 위생지를 사용할 경우에는 위생지에 식용유를 바른다.
- 무늬의 간격을 1.5~2cm 정도로 유지하는 것이 보기가 좋으며 무늬를 내고 철판을 바닥에 치면 색소가 가라앉으므로 주의한다.
- 시트가 뜨거울 때 말면 부피가 작아지기 쉽고, 완전히 식으면 표면이 터질 수 있으므로 조금 식힌 후 말아준다.
- 굽는 시간이 초과되면 말 때 표면이 터질 우려가 있으니 주의하고 일정한 힘을 주어 말아준다.

소프트롤케이크

Soft Roll Cake

시험시간 1시간 50분

⭐ 별립법을 이용하여 만드는 제품으로 시트에 잼, 크림, 가나슈 등을 바르고 말아 만든 케이크이다.

✅ 요구사항

※ **소프트롤케이크를 제조하여 제출하시오.**

❶ 배합표의 각 재료를 계량하여 재료별로 진열하시오(10분).

• 재료계량(재료당 1분) → [감독위원 계량확인] → 작품제조 및 정리정돈(전체시험시간−재료계량시간)

• 재료계량 시간 내에 계량을 완료하지 못하여 시간이 초과된 경우 및 계량을 잘못한 경우는 추가의 시간 부여 없이 작품제조 및 정리정돈 시간을 활용하여 요구사항의 무게대로 계량

• 달걀의 계량은 감독위원이 지정하는 개수로 계량

❷ 반죽은 별립법으로 제조하시오.

❸ 반죽온도는 22℃를 표준으로 하시오.

❹ 반죽의 비중을 측정하시오.

❺ 제시한 팬에 알맞도록 분할하시오.

❻ 반죽은 전량을 사용하여 성형하시오.

❼ 캐러멜 색소를 이용하여 무늬를 완성하시오.(무늬를 완성하지 않으면 제품 껍질 평가 0점 처리)

✅ 반 죽 법 : 별립법(0.45±0.05)　✅ 반죽온도 : 22℃± 1℃　✅ 생 산 량 : 둥글게 만 원통형 1개

✅ 배합표

재료명	비율(%)	무게(g)
박력분	100	250
설탕(A)	70	175(176)
물엿	10	25(26)
소금	1	2.5(2)
물	20	50
바닐라향	1	2.5(2)
설탕(B)	60	150
달걀	280	700
베이킹파우더	1	2.5(2)
식용유	50	125(126)
계	593	1,482.5(1,484)

※충전용 재료는 계량시간에서 제외

잼	80	200

✅ 준비물

• 평철판	• 거품기	• 붓
• 위생지	• 온도계	• 긴 밀대
• 주걱	• 비중컵	• 면포
• 가루체	• 스패튤러	

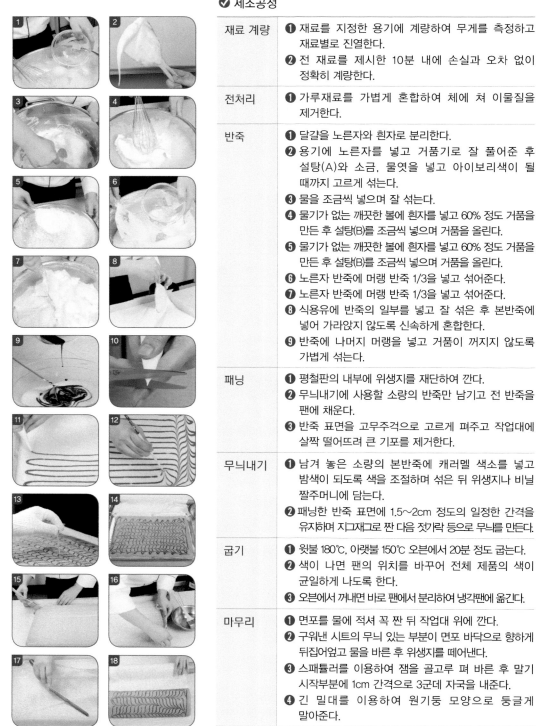

✔ 제조공정

재료 계량	❶ 재료를 지정한 용기에 계량하여 무게를 측정하고 재료별로 진열한다. ❷ 전 재료를 제시한 10분 내에 손실과 오차 없이 정확히 계량한다.
전처리	❶ 가루재료를 가볍게 혼합하여 체에 쳐 이물질을 제거한다.
반죽	❶ 달걀을 노른자와 흰자로 분리한다. ❷ 용기에 노른자를 넣고 거품기로 잘 풀어준 후 설탕(A)와 소금, 물엿을 넣고 아이보리색이 될 때까지 고르게 섞는다. ❸ 물을 조금씩 넣으며 잘 섞는다. ❹ 물기가 없는 깨끗한 볼에 흰자를 넣고 60% 정도 거품을 만든 후 설탕(B)를 조금씩 넣으며 거품을 올린다. ❺ 물기가 없는 깨끗한 볼에 흰자를 넣고 60% 정도 거품을 만든 후 설탕(B)를 조금씩 넣으며 거품을 올린다. ❻ 노른자 반죽에 머랭 반죽 1/3을 넣고 섞어준다. ❼ 노른자 반죽에 머랭 반죽 1/3을 넣고 섞어준다. ❽ 식용유에 반죽의 일부를 넣고 잘 섞은 후 본반죽에 넣어 가라앉지 않도록 신속하게 혼합한다. ❾ 반죽에 나머지 머랭을 넣고 거품이 꺼지지 않도록 가볍게 섞는다.
패닝	❶ 평철판의 내부에 위생지를 재단하여 깐다. ❷ 무늬내기에 사용할 소량의 반죽만 남기고 전 반죽을 팬에 채운다. ❸ 반죽 표면을 고무주걱으로 고르게 펴주고 작업대에 살짝 떨어뜨려 큰 기포를 제거한다.
무늬내기	❶ 남겨 놓은 소량의 본반죽에 캐러멜 색소를 넣고 밤색이 되도록 색을 조절하며 섞은 뒤 위생지나 비닐 짤주머니에 담는다. ❷ 패닝한 반죽 표면에 1.5~2cm 정도의 일정한 간격을 유지하며 지그재그로 짠 다음 젓가락 등으로 무늬를 만든다.
굽기	❶ 윗불 180℃, 아랫불 150℃ 오븐에서 20분 정도 굽는다. ❷ 색이 나면 팬의 위치를 바꾸어 전체 제품의 색이 균일하게 나도록 한다. ❸ 오븐에서 꺼내면 바로 팬에서 분리하여 냉각팬에 옮긴다.
마무리	❶ 면포를 물에 적셔 꼭 짠 뒤 작업대 위에 깐다. ❷ 구워낸 시트의 무늬 있는 부분이 면포 바닥으로 향하게 뒤집어엎고 물을 바른 후 위생지를 떼어낸다. ❸ 스패튤러를 이용하여 잼을 골고루 펴 바른 후 말기 시작부분에 1cm 간격으로 3군데 자국을 내준다. ❹ 긴 밀대를 이용하여 원기둥 모양으로 둥글게 말아준다.

✅ 제조공정 평가항목

세부항목			
• 계량시간	• 흰자 믹싱	• 팬 준비	• 말기
• 재료손실	• 혼합 순서	• 팬에 넣기	• 정리정돈 및 청소
• 정확도	• 반죽상태	• 무늬 만들기	• 개인위생
• 달걀 분리상태	• 반죽온도	• 굽기 관리	
• 노른자 믹싱	• 비중	• 구운 상태	

✅ 제품평가기준

세부항목	내용
부피	• 말아놓은 제품이 주저앉지 않고 적절한 부피를 형성하여야 한다.
외부균형	• 찌그러짐 없이 상하좌우 대칭을 이루어야 한다.
껍질	• 무늬모양과 색이 고르고 껍질이 터지거나 주름이 없어야 한다.
내상	• 기공과 조직이 크거나 조밀하지 않고 균일하며 잼이 밖으로 흘러내리지 않아야 한다.
맛과 향	• 식감이 부드러우며, 끈적거리거나 탄 냄새, 생 재료 맛이 나서는 안 된다.

Tip

- 반죽은 가볍고 윤기가 있어야 하며 반죽을 찍어 떨어뜨릴 때 층층이 쌓이는 상태여야 좋은 제품을 얻을 수 있다.
- 반죽의 모양을 낼 때 젓가락을 2/3 정도 깊이로 넣어 철판 바닥에 닿지 않도록 주의한다.
- 반죽 패닝 후 무늬내기까지 신속하게 작업하지 않으면 기포가 올라와 제품에 반점과 기포가 생기므로 빠르게 진행한다.
- 면포 대신 위생지를 사용할 경우에는 위생지에 식용유를 발라 사용한다.
- 반죽을 말 때 일정한 힘을 주어야 반죽이 터지지 않는다.

시퐁 케이크 시퐁법

Chiffon Cake

시험시간 1시간 40분

❂ 시퐁은 프랑스어로 '비단'을 뜻하는 말로 비단처럼 부드럽고 촉촉해서 붙여진 이름이다.
반죽은 시퐁법으로 노른자의 거품을 내지 않고 흰자와 화학팽창제의 힘으로 부풀리는 제품이다.

✅ 요구사항

※ **시퐁 케이크(시퐁법)를 제조하여 제출하시오.**

❶ 배합표의 각 재료를 계량하여 재료별로 진열하시오(8분).

• 재료계량(재료당 1분) → [감독위원 계량확인] → 작품제조 및 정리정돈(전체시험시간−재료계량시간)

• 재료계량 시간 내에 계량을 완료하지 못하여 시간이 초과된 경우 및 계량을 잘못한 경우는 추가의 시간 부여 없이 작품제조 및 정리정돈 시간을 활용하여 요구사항의 무게대로 계량

• 달걀의 계량은 감독위원이 지정하는 개수로 계량

❷ 반죽은 시퐁법으로 제조하고 비중을 측정하시오.

❸ 반죽온도는 23℃를 표준으로 하시오.

❹ 시퐁팬을 사용하여 반죽을 분할하고 구우시오.

❺ 반죽은 전량을 사용하여 성형하시오.

✅ 반 죽 법 : 시퐁법(0.45±0.05)   ✅ 반죽온도 : 23℃ ± 1℃   ✅ 생 산 량 : 시퐁팬 4개

✅ 배합표

재료명	비율(%)	무게(g)
박력분	100	400
설탕(A)	65	260
설탕(B)	65	260
달걀	150	600
소금	1.5	6
베이킹파우더	2.5	10
식용유	40	160
물	30	120
계	454	1,816

✅ 준비물

• 시퐁팬   • 주걱

• 분무기   • 가루체

• 거품기   • 온도계

• 나무젓가락   • 비중컵

✅ 제조공정

재료 계량	❶ 재료를 지정한 용기에 계량하여 무게를 측정하고 재료별로 진열한다. ❷ 전 재료를 제시한 8분 내에 손실과 오차 없이 정확히 계량한다.
전처리	❶ 가루재료를 가볍게 혼합하여 체에 쳐 이물질을 제거한다.
반죽	❶ 달걀을 노른자와 흰자로 분리한다. ❷ 용기에 노른자를 넣고 거품기로 잘 풀어준 후 설탕(A)와 소금을 고르게 섞어준다. ❸ 물을 조금씩 넣어 섞어준다. ❹ 체에 친 박력분과 베이킹파우더를 넣고 섞은 후 식용유를 넣어 잘 혼합한다. ❺ 물기가 없는 깨끗한 볼에 흰자를 넣고 60% 정도 거품을 만든 후 설탕(B)를 2~3차례 나눠 넣으며 거품을 올린다. ❻ 거품기에 반죽을 묻혀 치켜들었을 때 끝이 휘는 80~90% 정도의 머랭을 만든다. ❼ 노른자 반죽에 머랭 1/3을 고루 섞고, 나머지 머랭을 2회에 나눠 거품이 꺼지지 않도록 가볍게 섞는다.
패닝	❶ 주어진 시퐁팬 내부에 분무기를 이용하여 물을 뿌린 후 물기가 빠지도록 잠시 엎어 놓는다. ❷ 팬 바닥에 공기층이 생기지 않도록 주의하며 반죽을 70% 정도 균일하게 채운다. ❸ 반죽 표면을 젓가락으로 휘저으며 고르게 펴준 다음 작업대에 살짝 떨어뜨려 큰 기포를 제거해 준다.
굽기	❶ 윗불 180℃, 아랫불 160℃ 오븐에서 25~30분 정도 굽는다. ❷ 색이 나면 팬의 위치를 바꾸어 전체 제품의 색이 균일하게 나도록 한다.
마무리	❶ 오븐에서 꺼내면 작업대에 바로 뒤집어 냉각시킨다. ❷ 냉각이 끝나면 케이크의 가장자리와 가운데를 살짝 눌러준 뒤 시퐁 틀 테두리를 바닥에 살살 쳐주며 틀 기둥을 잡아당겨 분리한다. ❸ 바닥을 위로 향하게 한 후 케이크를 틀에서 살짝 누르며 분리한다.

✔ 제조공정 평가항목

세부항목			
• 계량시간	• 반죽상태	• 팬에 넣기	• 팬 빼기
• 재료손실	• 반죽온도	• 굽기 관리	• 정리정돈 및 청소
• 정확도	• 비중	• 구운 상태	• 개인위생
• 혼합순서	• 팬 준비		

✔ 제품평가기준

세부항목	내용
부피	• 틀 위로 부풀어 오른 비율이 알맞아야 하며 틀 위로 넘치지 않고 적당해야 한다.
외부균형	• 찌그러짐 없이 대칭을 이루어야 한다.
껍질	• 두껍지 않고 반점이나 기포자국이 없으며 제품이 터지지 않아야 한다.
내상	• 기공과 조직이 크거나 조밀하지 않고 균일하며 밝은 황색에 탄력성이 있어야 한다.
맛과 향	• 부드러운 맛이 나며, 탄력성이 좋고 맛과 향이 조화를 이루어야 한다.

Tip

- 노른자 반죽에 밀가루 혼합 시 덩어리지지 않도록 고루 섞어준다.
- 굽기 후 팬을 오븐에서 꺼내 뒤집어 냉각시켜야 팬에서 분리할 때 흠집이 나지 않고 윗면이 찌그러지지 않는다.
- 빨리 냉각시키려면 젖은 헝겊을 팬 위에 덮어놓는 것도 방법이다.

파운드케이크
Pound Cake
시험시간 2시간 30분

✪ 파운드케이크는 버터, 설탕, 밀가루, 달걀을 1파운드씩 섞어 만든 반죽을 구운 케이크이다.

✅ 요구사항

※ 파운드케이크를 제조하여 제출하시오.

❶ 배합표의 각 재료를 계량하여 재료별로 진열하시오(9분).
- 재료계량(재료당 1분) → [감독위원 계량확인] → 작품제조 및 정리정돈(전체시험시간−재료계량시간)
- 재료계량 시간 내에 계량을 완료하지 못하여 시간이 초과된 경우 및 계량을 잘못한 경우는 추가의 시간 부여 없이 작품제조 및 정리정돈 시간을 활용하여 요구사항의 무게대로 계량
- 달걀의 계량은 감독위원이 지정하는 개수로 계량

❷ 반죽은 크림법으로 제조하시오.

❸ 반죽온도는 23℃를 표준으로 하시오.

❹ 반죽의 비중을 측정하시오.

❺ 윗면을 터뜨리는 제품을 만드시오.

❻ 반죽은 전량을 사용하여 성형하시오.

✅ 반 죽 법 : 크림법(0.8±0.05)   ✅ 반죽온도 : 23℃±1℃   ✅ 생 산 량 : 사각 파운드 팬 4개

✅ 배합표

재료명	비율(%)	무게(g)
박력분	100	800
설탕	80	640
버터	80	640
달걀	80	640
소금	1	8
유화제	2	16
베이킹파우더	2	16
탈지분유	2	16
바닐라향	0.5	4
계	347.5	2,780

✅ 준비물

- 파운드 팬
- 위생지
- 주걱
- 가루체
- 붓
- 온도계
- 비중컵

✅ 제조공정

재료 계량	❶ 재료를 지정한 용기에 계량하여 무게를 측정하고 재료별로 진열한다. ❷ 전 재료를 제시한 9분 내에 손실과 오차 없이 정확히 계량한다.
전처리	❶ 가루재료를 가볍게 혼합하여 체에 쳐 이물질을 제거한다.
반죽	❶ 버터를 믹싱 볼에 넣고 부드럽게 풀어준다. ❷ 설탕, 소금, 유화제를 넣고 충분히 섞는다. ❸ 달걀을 조금씩 3~4회 나눠 넣으며 중속 또는 고속으로 돌려 부드러운 크림상태로 만든다. ❹ 충분히 크림화가 되면 체에 친 박력분과 탈지분유, 베이킹파우더, 바닐라향을 넣고 가볍게 혼합하며 부드러운 반죽상태를 만든다.
패닝	❶ 파운드 팬 내부에 위생지를 재단하여 깐다. ❷ 반죽을 팬의 70% 정도 균일하게 패닝한다. ❸ 반죽 표면을 고무주걱으로 고르게 펴주고 윗면의 중앙을 약간 낮게 고른다.
굽기	❶ 윗불 200℃, 아랫불 170℃ 오븐에서 10분간 윗면에 갈색이 날 때까지 굽는다. ❷ 색이 나면 식용유를 바른 커터칼이나 스패튤러를 이용하여 양끝 1cm를 남기고 중앙을 터뜨려준다. ❸ 팬의 위치를 바꾸어 균일하게 색이 나도록 윗불을 180℃로 줄여 30~35분 정도 더 굽는다.
마무리	❶ 오븐에서 꺼내 바로 팬에서 분리하여 냉각시킨다.

✅ 제조공정 평가항목

세부항목			
• 계량시간	• 반죽상태	• 팬에 넣기	• 노른자 칠하기
• 재료손실	• 반죽온도	• 굽기 관리	• 정리정돈 및 청소
• 정확도	• 비중	• 윗면 터트리기	• 개인위생
• 혼합순서	• 팬 준비	• 구운 상태	

✅ 제품평가기준

세부항목	내용
부피	• 틀 위로 부풀어 오른 비율이 알맞아야 한다.
외부균형	• 찌그러짐 없이 터트린 중앙부분이 조금 솟아올라온 모양으로 대칭을 이루어야 한다.
껍질	• 두껍지 않고 반점이나 기포 자국이 없어야 한다.
내상	• 기공과 조직이 크거나 조밀하지 않고 균일하며 밝은 노란색을 띠고 줄무늬가 없어야 한다.
맛과 향	• 씹는 맛이 부드러우며 끈적거리거나 탄 냄새, 생 재료 맛이 나서는 안 된다.

Tip

- 설탕이 녹을 수 있도록 충분히 믹싱하며 믹싱 볼 바닥과 안쪽을 고무주걱으로 자주 긁어 덩어리지지 않고 전체적으로 고루 섞이도록 한다.
- 칼집을 낼 때 양쪽 끝은 1cm 정도 남겨두고 가운데 부분을 살짝 벌려주면 더 잘 터진다.
- 뚜껑을 덮는 이유는 껍질색이 너무 진하지 않고 표피를 얇게 하기 위함이다.

과일케이크
Fruits Cake
시험시간 2시간 30분

⭐ 별립법으로 만드는 반죽형 케이크의 대표적인 제품으로 반죽 안에 여러 과일을 넣어 새콤달콤한 맛을 낸다.

✓ 요구사항

※ 과일케이크를 제조하여 제출하시오.

❶ 배합표의 각 재료를 계량하여 재료별로 진열하시오(13분).

• 재료계량(재료당 1분) → [감독위원 계량확인] → 작품제조 및 정리정돈(전체시험시간－재료계량시간)
• 재료계량 시간 내에 계량을 완료하지 못하여 시간이 초과된 경우 및 계량을 잘못한 경우는 추가의 시간 부여 없이 작품제조 및 정리정돈 시간을 활용하여 요구사항의 무게대로 계량
• 달걀의 계량은 감독위원이 지정하는 개수로 계량

❷ 반죽은 별립법으로 제조하시오.

❸ 반죽온도는 23℃를 표준으로 하시오.

❹ 제시한 팬에 알맞도록 분할하시오.

❺ 반죽은 전량을 사용하여 성형하시오.

✓ 반 죽 법 : 별립법(0.8±0.05) ✓ 반죽온도 : 23℃± 1℃ ✓ 생 산 량 : 3호팬(21cm) 원형 4개

✓ 배합표

재료명	비율(%)	무게(g)
박력분	100	500
설탕	90	450
마가린	55	275(276)
달걀	100	500
우유	18	90
베이킹파우더	1	5(4)
소금	1.5	7.5(8)
건포도	15	75(76)
체리	30	150
호두	20	100
오렌지필	13	65(66)
럼주	16	80
바닐라향	0.4	2
계	459.9	2,299.5 (2,300~2,302)

✓ 준비물

• 3호 원형 팬   • 가루체
• 위생지   • 온도계
• 거품기

✅ 제조공정

재료 계량	❶ 재료를 지정한 용기에 계량하여 무게를 측정하고 재료별로 진열한다. ❷ 전 재료를 제시한 13분 내에 손실과 오차 없이 정확히 계량한다.
전처리	❶ 가루재료를 가볍게 혼합하여 체에 쳐 이물질을 제거한다. ❷ 호두는 잘게 잘라 오븐에 살짝 구워 식히고, 체리는 잘게 자른 후 오렌지 필과 건포도와 함께 럼주에 버무려둔다.
반죽	❶ 달걀을 흰자와 노른자로 분리한다. ❷ 볼에 마가린을 부드럽게 풀어준 후 설탕 1/2과 소금을 넣고 크림상태로 만든다. ❸ 노른자를 나눠 조금씩 넣으며 부드러운 크림을 완성한다. ❹ 물기가 없는 깨끗한 볼에 흰자를 넣고 60% 정도 거품을 만든 후 나머지 1/2의 설탕을 2~3차례 나눠 넣으며 거품을 올린다. ❺ 거품기에 반죽을 묻혀 치켜들었을 때 끝이 휘는 80~90% 정도의 머랭을 만든다. ❻ 크림화시킨 반죽에 전처리한 과일을 섞는다. ❼ 머랭 반죽 1/3을 넣고 잘 섞은 뒤 우유를 섞는다. ❽ 체에 친 박력분과 베이킹파우더, 바닐라 향을 넣어 가볍게 섞는다. ❾ 나머지 머랭을 2번에 나눠 반죽에 넣고 가볍게 섞는다.
패닝	❶ 원형 팬의 내부에 위생지를 팬의 높이보다 0.5~1cm 올라오게 재단하여 깐다. ❷ 원형 팬에 반죽을 80% 정도 균일하게 채운다. ❸ 반죽 표면을 고무주걱으로 고르게 펴주고 작업대에 살짝 떨어뜨려 큰 기포를 제거한다.
굽기	❶ 윗불 170℃, 아랫불 160℃ 오븐에서 35~40분 정도 굽는다. ❷ 색이 나면 팬의 위치를 바꾸어 전체 제품의 색이 균일하게 나도록 한다.
마무리	❶ 오븐에서 꺼내 작업대에 살짝 떨어뜨린 후 바로 팬에서 분리하여 냉각시킨다.

✓ 제조공정 평가항목

세부항목			
• 계량시간	• 충전물 전처리	• 반죽온도	• 구운 상태
• 재료손실	• 머랭제조	• 팬 준비	• 정리정돈 및 청소
• 정확도	• 혼합순서	• 팬에 넣기	• 개인위생
• 달걀분리	• 반죽상태	• 굽기 관리	

✓ 제품평가기준

세부항목	내용
부피	• 틀 위로 부풀어 오른 비율이 알맞아야 한다.
외부균형	• 중앙이 조금 솟아 올라온 상태로 대칭을 이루고 찌그러들지 않아야 한다.
껍질	• 두껍지 않고 반점이나 기포자국이 없으며 껍질이 벗겨지지 않아야 한다.
내상	• 기공과 조직이 크거나 조밀하지 않고 균일하며 충전물이 한쪽에 몰리거나 아래쪽으로 가라앉지 않아야 한다.
맛과 향	• 과일의 맛과 향이 케이크와 조화로우며 끈적거리거나 탄 냄새, 생 재료 맛이 나서는 안 된다.

Tip

• 충전물이 많아 부피팽창이 일반 케이크에 비해 적으므로 반죽 분할량을 80% 정도 담는다.

• 충전물에 밀가루를 살짝 묻혀 혼합하면 잘 섞이고 반죽 밑으로 가라앉는 것을 방지할 수 있다.

마데라(컵) 케이크

Madeira Cup Cake

시험시간 2시간

★ 컵에 넣어 구운 마데라 케이크는 크림법을 사용하여 만드는 대표적인 제품이다. 마데라섬에서 생산된 단맛이 강한 와인을 첨가해 붙여진 이름이다.

✅ 요구사항

※ 마데라(컵) 케이크를 제조하여 제출하시오.

❶ 배합표의 각 재료를 계량하여 재료별로 진열하시오(9분).

- 재료계량(재료당 1분) → [감독위원 계량확인] → 작품제조 및 정리정돈(전체시험시간−재료계량시간)
- 재료계량 시간 내에 계량을 완료하지 못하여 시간이 초과된 경우 및 계량을 잘못한 경우는 추가의 시간 부여 없이 작품제조 및 정리정돈 시간을 활용하여 요구사항의 무게대로 계량
- 달걀의 계량은 감독위원이 지정하는 개수로 계량

❷ 반죽은 크림법으로 제조하시오.

❸ 반죽온도는 24℃를 표준으로 하시오.

❹ 반죽분할은 주어진 팬에 알맞은 양을 패닝하시오.

❺ 적포도주 퐁당을 1회 바르시오.

❻ 반죽은 전량을 사용하여 성형하시오.

✅ 반 죽 법 : 크림법　　✅ 반죽온도 : 24℃ ± 1℃　　✅ 생 산 량 : 컵 22~24개

✅ 배합표

재료명	비율(%)	무게(g)
박력분	100	400
버터	85	340
설탕	80	320
소금	1	4
달걀	85	340
베이킹파우더	2.5	10
건포도	25	100
호두	10	40
적포도주	30	120
계	418.5	1,674

※충전용 재료는 계량시간에서 제외

분당	20	80
적포도주	5	20

✅ 준비물

- 머핀팬
- 머핀위생지
- 짤주머니
- 주걱
- 가루체
- 붓
- 온도계

✅ 제조공정

재료 계량	❶ 재료를 지정한 용기에 계량하여 무게를 측정하고 재료별로 진열한다. ❷ 전 재료를 제시한 9분 내에 손실과 오차 없이 정확히 계량한다.
전처리	❶ 가루재료를 가볍게 혼합하여 체에 쳐 이물질을 제거한다. ❷ 오븐에 잘게 썬 호두를 살짝 구운 뒤 건포도와 함께 섞어 적포도주에 버무려 놓는다.
반죽	❶ 믹싱 볼에 버터를 넣고 풀어준 후 설탕, 소금을 섞어 부드럽게 만든다. ❷ 달걀을 조금씩 3~4회 나눠 넣으며 중속 또는 고속으로 돌려 부드러운 크림상태로 만든다. ❸ 충분히 크림화가 되면 전처리한 건포도와 잘게 썬 호두를 넣고 고르게 섞는다. ❹ 체에 친 박력분과 베이킹파우더를 넣고 가볍게 혼합한다. ❺ 적포도주를 조금씩 넣으며 반죽에 되기를 조절한다.
패닝	❶ 머핀팬 내부에 머핀위생지를 깔고 짤주머니에 반죽을 넣어 80% 정도 짜준다.
퐁당제조	❶ 포도주에 분당을 녹여서 되직한 상태로 만든다.
굽기	❶ 윗불 180℃, 아랫불 160℃ 오븐에서 20~25분 정도 굽는다. ❷ 전체 굽기 과정의 95% 정도 익었을 때 미리 제조한 시럽을 제품 윗면에 붓으로 균일하게 칠해준다. ❸ 다시 오븐에 잠시 넣어 수분이 건조되고 설탕 피막이 생기면 바로 꺼낸다.
마무리	❶ 팬에서 바로 분리하여 냉각시킨다.

✅ **제조공정 평가항목**

세부항목			
• 계량시간	• 반죽상태	• 팬에 넣기	• 구운 상태
• 재료손실	• 반죽온도	• 굽기 관리	• 정리정돈 및 청소
• 정확도	• 팬 준비	• 퐁당 바르기	• 개인위생
• 혼합순서			

✅ **제품평가기준**

세부항목	내용
부피	• 제품 팬에 부피가 알맞아야 한다.
외부균형	• 찌그러짐 없이 대칭을 이루어야 한다.
껍질	• 두껍지 않고 부드러우며 표면에 퐁당시럽이 매끈하고 광택이 나야 한다.
내상	• 기공과 조직이 크거나 조밀하지 않고 호두와 건포도가 골고루 분포되어야 한다.
맛과 향	• 적포도주와 버터의 향이 조화를 이루며, 끈적거리거나 탄 냄새, 생 재료 맛이 나서는 안 된다.

Tip

- 버터를 크림화시킬 때 분리되지 않도록 달걀을 조금씩 넣어주며, 고무주걱으로 옆면과 바닥을 자주 긁어준다.
- 충전물에 밀가루를 살짝 묻혀 혼합하면 잘 섞이고 반죽 밑으로 가라앉는 것을 방지할 수 있다.
- 퐁당을 너무 오랫동안 바르면 제품이 수축되므로 신속히 바르도록 한다.

버터 쿠키
Butter Cookie
시험시간 2시간

⭐ 사블레나 덴마크 비스킷이라고도 알려져 있으며, 버터 풍미의 짜는 쿠키로 크림법을 이용한 대표적인 과자다.

✅ 요구사항

※ **버터 쿠키를 제조하여 제출하시오.**

❶ 배합표의 각 재료를 계량하여 재료별로 진열하시오(6분).

• 재료계량(재료당 1분) → [감독위원 계량확인] → 작품제조 및 정리정돈(전체시험시간−재료계량시간)

• 재료계량 시간 내에 계량을 완료하지 못하여 시간이 초과된 경우 및 계량을 잘못한 경우는 추가의 시간 부여 없이 작품제조 및 정리정돈 시간을 활용하여 요구사항의 무게대로 계량

• 달걀의 계량은 감독위원이 지정하는 개수로 계량

❷ 반죽은 크림법으로 수작업 하시오.

❸ 반죽온도는 22℃를 표준으로 하시오.

❹ 별모양깍지를 끼운 짤주머니를 사용하여 2가지 모양짜기를 하시오(8자, 장미모양).

❺ 반죽은 전량을 사용하여 성형하시오.

✅ 반 죽 법 : 크림법(손반죽)　　✅ 반죽온도 : 22℃ ± 1℃　　✅ 생 산 량 : 3철판

✅ 배합표

재료명	비율(%)	무게(g)
박력분	100	400
버터	70	280
설탕	50	200
소금	1	4
달걀	30	120
바닐라향	0.5	2
계	251.5	1,006

✅ 준비물

• 평철판　　　　　　• 주걱
• 짤주머니　　　　　• 가루체
• 별(5~6개 날 모양깍지)　• 온도계

✅ 제조공정

재료 계량	❶ 재료를 지정한 용기에 계량하여 무게를 측정하고 재료별로 진열한다. ❷ 전 재료를 제시한 6분 내에 손실과 오차 없이 정확히 계량한다.
전처리	❶ 가루재료를 가볍게 혼합하여 체에 쳐 이물질을 제거한다.
반죽	❶ 볼에 버터를 넣고 거품기를 이용하여 풀어준 후 설탕, 소금을 섞어 부드럽게 만든다. ❷ 달걀을 2~3회 나눠 넣으며 중속 또는 고속으로 돌려 부드러운 크림상태로 만든다. ❸ 체에 친 박력분과 바닐라향을 넣고 한 덩어리가 될 때까지 가볍게 섞는다.
패닝	❶ 짤주머니에 별 모양깍지를 끼우고 반죽을 절반 정도 담는다. ❷ 반죽을 아래로 밀어 짤주머니에 있던 공기를 빼고 평철판에 간격을 잘 맞추어 '8'자 모양으로 짠다. ❸ 나머지 반죽을 담은 뒤 간격을 잘 맞추어 장미모양으로 돌려 짜기를 한다.
휴지	❶ 반죽의 결을 잘 나타내기 위해 실온에서 10분 정도 건조시킨다.
굽기	❶ 윗불 190℃, 아랫불 160℃ 오븐에서 10~15분 정도 굽는다. ❷ 쿠키 반죽 가장자리 부분이 노릇한 색상이 나면 꺼낸다.
마무리	❶ 스크레이퍼를 이용하여 제품을 팬에서 떼어내어 냉각시킨다.

✅ 제조공정 평가항목

세부항목			
• 계량시간	• 혼합순서	• 팬 준비	• 구운 상태
• 재료손실	• 반죽상태	• 정형상태	• 정리정돈 및 청소
• 정확도	• 반죽온도	• 굽기 관리	• 개인위생

✅ 제품평가기준

세부항목	내용
부피	• 퍼짐과 모양이 일정하며 부피감이 있어야 한다.
외부균형	• 모양이 균일하고 찌그러짐 없이 대칭을 이루어야 한다.
껍질	• 무늬가 선명하며 황금갈색을 띠어야 한다.
내상	• 기공이 크거나 조밀하지 않고 일정해야 한다.
맛과 향	• 버터의 향이 나고, 씹는 맛이 부드럽고 바삭하며, 끈적거리거나 탄 냄새, 생 재료 맛이 나서는 안 된다.

Tip

• 크림화 과정에서 반죽이 분리되지 않도록 달걀의 투입속도를 조절한다.
• 반죽을 너무 치대면 글루텐이 형성되어 식감이 떨어지고 단단한 쿠키가 되므로 주의한다.
• 철판에 패닝할 때 일정한 모양, 크기, 간격을 유지하며 성형한다.
• 오븐온도가 너무 낮으면 제품의 결이 퍼지게 되므로 온도에 주의한다.

쇼트브레드쿠키
Short Bread Cookie
시험시간 2시간

⭐ 버터와 쇼트닝을 넣어 만든 과자로 바삭한 맛이 특징이며 영국의 스코틀랜드 지방에서 유래되었다.

✔ 요구사항

※ **쇼트브레드 쿠키를 제조하여 제출하시오.**

❶ 배합표의 각 재료를 계량하여 재료별로 진열하시오(9분).
- 재료계량(재료당 1분) → [감독위원 계량확인] → 작품제조 및 정리정돈(전체시험시간-재료계량시간)
- 재료계량 시간 내에 계량을 완료하지 못하여 시간이 초과된 경우 및 계량을 잘못한 경우는 추가의 시간 부여 없이 작품제조 및 정리정돈 시간을 활용하여 요구사항의 무게대로 계량
- 달걀의 계량은 감독위원이 지정하는 개수로 계량

❷ 반죽은 크림법으로 제조하시오.

❸ 반죽온도는 20℃를 표준으로 하시오.

❹ 제시한 정형기를 사용하여 두께 0.7~0.8cm, 지름 5~6cm(정형기에 따라 가감) 정도로 정형하시오.

❺ 반죽은 전량을 사용하여 성형하시오.

❻ 달걀 노른자칠을 하여 무늬를 만드시오.

✔ 반 죽 법 : 크림법   ✔ 반죽온도 : 20℃ ± 1℃   ✔ 생 산 량 : 3철판

✔ 배합표

재료명	비율(%)	무게(g)
박력분	100	600
마가린	33	198
쇼트닝	33	198
설탕	35	210
소금	1	6
물엿	5	30
달걀	10	60
노른자	10	60
바닐라향	0.5	3(2)
계	227.5	1,365(1,364)

✔ 준비물

- 쿠기커터
- 밀대
- 포크
- 붓

- 주걱
- 가루체
- 온도계
- 비닐

✅ 제조공정

재료 계량	❶ 재료를 지정한 용기에 계량하여 무게를 측정하고 재료별로 진열한다. ❷ 전 재료를 제시한 9분 내에 손실과 오차 없이 정확히 계량한다.(달걀과 노른자는 계량하지 않고 지정해준 개수만큼 가져다 놓는다.)
전처리	❶ 가루재료를 가볍게 혼합하여 체에 쳐 이물질을 제거한다.
반죽	❶ 마가린과 쇼트닝을 믹싱 볼에 넣고 부드럽게 풀어준다. ❷ 설탕, 소금, 물엿을 넣고 충분히 섞는다. ❸ 노른자와 달걀을 조금씩 2~3회 나눠 넣으며 중속 또는 고속으로 돌려 부드러운 크림상태로 만든다. ❹ 체에 친 박력분과 바닐라향을 넣고 가루가 보이지 않을 정도로만 살짝 섞는다.
휴지	❶ 반죽표면이 마르지 않도록 비닐에 싸서 20~30분 정도 냉장 휴지시킨다. ❷ 반죽을 손가락으로 살짝 눌러서 자국이 그대로 남는 상태가 되면 휴지를 끝낸다.
밀어펴기	❶ 반죽을 밀어 펴기 쉽도록 2등분하여 두께 0.7~0.8cm, 지름 5~6cm가 되도록 균일하게 밀어 편다.
정형	❶ 제시된 정형기를 사용하여 반죽을 찍어낸다. ❷ 손실이 최소화되도록 자투리 반죽을 다시 뭉쳐 사용한다.
패닝	❶ 찍어낸 반죽이 변형되지 않도록 주의하며 일정한 간격으로 패닝한다. ❷ 반죽 윗면에 노른자를 바르고 건조되면 한번 더 발라준다. ❸ 노른자가 약간 마르면 포크를 이용하여 윗면에 얕게 무늬를 낸다.
굽기	❶ 윗불 190℃, 아랫불 150℃ 오븐에서 12~15분 정도 굽는다. ❷ 색이 나면 팬의 위치를 바꾸어 전체 황금갈색이 균일하게 나도록 한다.
마무리	❶ 스크레이퍼를 이용하여 제품을 팬에서 떼어내어 냉각시킨다.

✅ 제조공정 평가항목

세부항목			
• 계량시간	• 반죽상태	• 팬 준비	• 구운 상태
• 재료손실	• 반죽온도	• 팬에 넣기	• 정리정돈 및 청소
• 정확도	• 정형	• 굽기 관리	• 개인위생
• 혼합순서			

✅ 제품평가기준

세부항목	내용
부피	• 퍼짐과 모양이 일정하며 부피감이 있어야 한다.
외부균형	• 모양이 균일하고 찌그러짐 없이 대칭을 이루어야 한다.
껍질	• 줄무늬가 선명하며 황금갈색을 띠어야 한다.
내상	• 기공이 크거나 조밀하지 않고 일정해야 한다.
맛과 향	• 유지의 향이 나고, 씹는 맛이 부드럽고 바삭하며, 끈적거리거나 탄 냄새, 생 재료 맛이 나서는 안 된다.

Tip

• 가루를 섞을 때 너무 치대면 글루텐이 형성되어 식감이 떨어지고 단단한 쿠키가 된다.

• 반죽 완성 후 많이 질면 덧가루를 조금 넣어 되기를 조절한다. 단, 덧가루를 많이 사용하면 제품에서 냄새 및 줄무늬가 나타나므로 주의한다.

다쿠와즈

Dacquaise

시험시간 1시간 50분

★ 프랑스 닥스 지방에서 만든 과자로 아몬드를 주원료로 설탕, 밀가루를 머랭과 섞어 만든 과자이다.

✅ 요구사항

※ **다쿠와즈를 제조하여 제출하시오.**

❶ 배합표의 각 재료를 계량하여 재료별로 진열하시오(5분).

• 재료계량(재료당 1분) → [감독위원 계량확인] → 작품제조 및 정리정돈(전체시험시간−재료계량시간)

• 재료계량 시간 내에 계량을 완료하지 못하여 시간이 초과된 경우 및 계량을 잘못한 경우는 추가의 시간 부여 없이 작품제조 및 정리정돈 시간을 활용하여 요구사항의 무게대로 계량

• 달걀의 계량은 감독위원이 지정하는 개수로 계량

❷ 머랭을 사용하는 반죽을 만드시오.

❸ 표피가 갈라지는 다쿠와즈를 만드시오.

❹ 다쿠와즈 2개를 크림으로 샌드하여 1조의 제품으로 완성하시오.

❺ 반죽은 전량을 사용하여 성형하시오.

✅ 반 죽 법 : 머랭법   ✅ 생 산 량 : 평평한 타원형 2팬

✅ 배합표

재료명	비율(%)	무게(g)
달걀흰자	100	330
설탕	30	99(98)
아몬드분말	60	198
분당	50	165(164)
박력분	16	54
계	256	846(844)

※충전용 재료는 계량시간에서 제외

버터크림(샌드용)	66	218

✅ 준비물

• 다쿠와즈 틀
• 실리콘페이퍼 or 위생지
• 원형모양깍지
• 짤주머니
• 스크레이퍼

• 주걱
• 가루체
• 앙금주걱
• 고운체(분당체)

✅ 제조공정

재료 계량	❶ 재료를 지정한 용기에 계량하여 무게를 측정하고 재료별로 진열한다.
	❷ 전 재료를 제시한 5분 내에 손실과 오차 없이 정확히 계량한다.(달걀흰자는 계량하지 않고 지정해 준 개수만큼의 달걀을 가져다 놓는다.)
전처리	❶ 가루재료를 가볍게 혼합하여 체에 쳐 이물질을 제거한다.
반죽	❶ 물기가 없는 깨끗한 볼에 흰자를 넣고 60% 정도 거품을 만든다.
	❷ 설탕을 3~4회 나누어 넣으며 거품기에 반죽을 묻혀 치켜들었을 때 끝이 휘는 80~90% 정도의 머랭을 만든다.
	❸ 체에 친 아몬드 분말과 분당, 박력분에 머랭 1/3을 넣고 고르게 섞는다.
	❹ 나머지 머랭을 2번에 나눠 넣으며 거품이 꺼지지 않도록 가볍게 섞는다.
패닝	❶ 평철판에 위생지나 실리콘페이퍼를 깔고 그 위에 다쿠와즈 틀을 올려놓는다.
	❷ 반죽을 짤주머니에 넣어 가장자리 부분까지 채워 팬 높이보다 약간 높게 짠다.
	❸ 스패튤러나 스크레이퍼를 이용해 윗면을 평평하게 펴준다.
	❹ 분당을 고운체로 골고루 2회 뿌려준다.
	❺ 다쿠와즈 틀을 들어 빼준다.
굽기	❶ 윗불 180℃, 아랫불 160℃ 오븐에서 10~15분 정도 굽는다.
	❷ 색이 나면 팬의 위치를 바꾸어 밝은 황갈색이 균일하게 나도록 한다.
마무리	❶ 구워낸 제품을 냉각시킨 후 스프레이로 물을 뿌려 위생지를 떼어낸다.
	❷ 제공한 크림을 앙금주걱 등을 이용해 바른 뒤 두 개를 붙여 완성한다.

✅ 제조공정 평가항목

세부항목			
• 계량시간	• 반죽상태	• 분당 뿌리기	• 구운 상태
• 재료손실	• 팬 준비	• 팬 빼기	• 정리정돈 및 청소
• 정확도	• 반죽 짜기	• 굽기 관리	• 개인위생
• 혼합순서			

✅ 제품평가기준

세부항목	내용
부피	• 부풀어 오른 비율이 알맞으며 모양과 크기가 일정해야 한다.
외부균형	• 찌그러짐 없이 대칭을 이루어야 한다.
껍질	• 밝은 황갈색을 띠며 갈라짐과 터짐이 균일하여야 한다.
내상	• 기공이 일정하고 촉촉하여야 한다.
맛과 향	• 씹는 맛이 부드러우며 크림과 조화가 잘 이루어져야 한다.

Tip

- 머랭은 90%(건조피크) 상태까지 올리고 반죽은 80%만 섞어주면 부피감과 터짐이 좋다.
- 쿠키의 터짐을 좋게 하려면 슈거파우더를 적당량 고르게 잘 뿌려야 한다.
- 위생지보다 실리콘페이퍼를 깔고 반죽을 짜면 구운 뒤 떼어내기가 수월하다.

마드레느

Madeleine

시험시간 1시간 50분

☆ 비스킷 반죽을 조개 모양으로 구운 프랑스의 대표적인 과자 중 하나이다.

✅ 요구사항

※ 마드레느를 제조하여 제출하시오.

❶ 배합표의 각 재료를 계량하여 재료별로 진열하시오(7분).

• 재료계량(재료당 1분) → [감독위원 계량확인] → 작품제조 및 정리정돈(전체시험시간-재료계량시간)
• 재료계량 시간 내에 계량을 완료하지 못하여 시간이 초과된 경우 및 계량을 잘못한 경우는 추가의 시간 부여 없이 작품제조 및 정리정돈 시간을 활용하여 요구사항의 무게대로 계량
• 달걀의 계량은 감독위원이 지정하는 개수로 계량

❷ 마드레느는 수작업으로 하시오.

❸ 버터를 녹여서 넣는 1단계법(변형) 반죽법을 사용하시오.

❹ 반죽온도는 24℃를 표준으로 하시오.

❺ 실온에서 휴지를 시키시오.

❻ 제시된 팬에 알맞은 반죽양을 넣으시오.

❼ 반죽은 전량을 사용하여 성형하시오.

✅ 반 죽 법 : 1단계법(변형)   ✅ 반죽온도 : 24℃ ± 1℃   ✅ 생 산 량 : 마드레느 팬 3판

✅ 배합표

재료명	비율(%)	무게(g)
박력분	100	400
베이킹파우더	2	8
설탕	100	400
달걀	100	400
레몬껍질	1	4
소금	0.5	2
버터	100	400
계	403.5	1,614

✅ 준비물

• 마드레느 팬   • 붓
• 짤주머니   • 주걱
• 지름 1cm 원형모양깍지   • 가루체
• 거품기   • 온도계

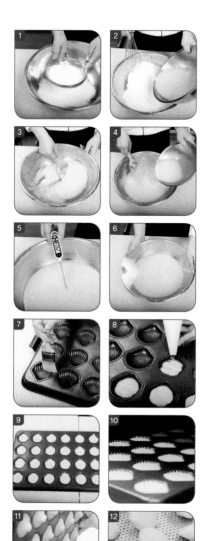

✅ 제조공정

재료 계량	❶ 재료를 지정한 용기에 계량하여 무게를 측정하고 재료별로 진열한다. ❷ 전 재료를 제시한 7분 내에 손실과 오차 없이 정확히 계량한다.
전처리	❶ 가루재료를 가볍게 혼합하여 체에 쳐 이물질을 제거한다. ❷ 레몬의 노란색 껍질 부분만 강판을 사용하여 긁어 준비한다.
반죽	❶ 체에 친 박력분과 베이킹파우더와 설탕, 소금을 볼에 넣고 고르게 섞는다. ❷ 달걀을 거품기로 풀어 2~3회 나누어 넣으면서 혼합한다. ❸ 전처리한 레몬껍질을 넣는다. ❹ 중탕으로 녹인 버터를 서서히 넣으며 섞는다. ❺ 완성된 반죽이 마르지 않도록 비닐로 덮어 실온에서 30분간 휴지시킨다.
패닝	❶ 휴지하는 동안 마드레느 팬에 붓을 이용해 녹인 버터를 바른다. ❷ 짤주머니에 원형모양깍지를 끼우고 반죽을 담아 마드레느 팬 용적의 80% 정도를 짜준다.
굽기	❶ 윗불 190℃, 아랫불 150℃ 오븐에서 15분 정도 굽는다. ❷ 색이 나면 팬의 위치를 바꾸어 황금갈색이 균일하게 나도록 한다.
마무리	❶ 오븐에서 꺼내 바로 팬에서 분리하여 냉각시킨다.

✅ 제조공정 평가항목

세부항목			
• 계량시간	• 반죽상태	• 팬에 넣기	• 팬 빼기
• 재료손실	• 반죽온도	• 굽기 관리	• 정리정돈 및 청소
• 정확도	• 팬 준비	• 구운 상태	• 개인위생
• 혼합순서			

✅ 제품평가기준

세부항목	내용
부피	• 틀 위로 부풀어 오른 비율이 알맞고 팬 밑으로 내려가거나 넘쳐서는 안 된다.
외부균형	• 찌그러짐 없이 대칭을 이루어야 한다.
껍질	• 두껍지 않고 부드러우며 황금갈색을 띠어야 한다.
내상	• 기공과 조직이 크거나 조밀하지 않고 일정하며, 밝은 노란색을 띠어야 한다.
맛과 향	• 씹는 맛이 부드러우며 끈적거리거나 탄 냄새, 생 재료 맛이 나서는 안 된다.

Tip

• 달걀을 넣고 섞을 때 거품이 생기지 않도록 주의한다.

• 버터는 너무 뜨거우면 제품의 부피가 줄어들 수 있으므로 30℃로 중탕하여 사용한다.

• 작업장의 온도가 높으면 완성된 반죽을 냉장 휴지하여 사용한다.

슈
Choux
시험시간 2시간

✪ 구운 제품의 껍질모양이 양배추와 같아서 붙여진 이름으로 밀가루를 호화시켜 껍질 속에 크림을 충전하는 과자이다.

※ 슈를 제조하여 제출하시오.

❶ 배합표의 껍질 재료를 계량하여 재료별로 진열하시오(5분).

• 재료계량(재료당 1분) → [감독위원 계량확인] → 작품제조 및 정리정돈(전체시험시간-재료계량시간)

• 재료계량 시간 내에 계량을 완료하지 못하여 시간이 초과된 경우 및 계량을 잘못한 경우는 추가의 시간 부여 없이 작품제조 및 정리정돈 시간을 활용하여 요구사항의 무게대로 계량

• 달걀의 계량은 감독위원이 지정하는 개수로 계량

❷ 껍질 반죽은 수작업으로 하시오.

❸ 반죽은 직경 3cm 전후의 원형으로 짜시오.

❹ 커스터드 크림을 껍질에 넣어 제품을 완성하시오.

❺ 반죽은 전량을 사용하여 성형하시오.

✅ 반 죽 법 : 손반죽   ✅ 생 산 량 : 4철판

✅ 배합표

재료명	비율(%)	무게(g)
물	125	250
버터	100	200
소금	1	2
중력분	100	200
달걀	200	400
계	526	1,052

※충전용 재료는 계량시간에서 제외

커스터드 크림	500	1,000

✅ 준비물

• 평철판   • 거품기
• 짤주머니   • 가루체
• 원형모양깍지 • 분무기
• 주걱   • 나무젓가락

✅ 제조공정

재료 계량	❶ 재료를 지정한 용기에 계량하여 무게를 측정하고 재료별로 진열한다. ❷ 전 재료를 제시한 5분 내에 손실과 오차 없이 정확히 계량한다.
전처리	❶ 중력분을 체에 쳐 이물질을 제거한다.
반죽	❶ 용기에 물, 버터, 소금을 넣고 불 위에서 끓인다. ❷ 체에 친 중력분을 넣고 30초 정도 저으며 호화시킨 후 불에서 내린다. ❸ 호화된 반죽을 한 김 식힌 후 달걀을 조금씩 넣으며 거품기로 저어 반죽의 되기를 조절한다. ❹ 반죽에 윤기가 있고 반죽을 들어 올려 떨어뜨렸을 때 흐르지 않고 뚝뚝 떨어지는 정도까지 섞어준다.
정형 및 패닝	❶ 짤주머니에 1cm의 원형모양깍지를 끼우고 반죽을 적당량 담는다. ❷ 평철판에 직경 3cm 정도 크기로 간격을 유지하며 일정하게 짜준다. ❸ 분무기로 반죽표면이 젖도록 물을 충분히 분무하거나 직접 물에 침지하고 남은 물은 버린다.
굽기	❶ 윗불 180℃, 아랫불 200℃ 오븐에서 15분 정도 팽창될 때까지 굽는다. ❷ 표면이 갈라지고 색이 나면 윗불 200℃, 아랫불 180℃에서 갈색이 나도록 더 굽는다. ❸ 오븐에서 꺼내 바로 팬에서 분리하여 냉각팬에 옮긴다.
크림 충전	❶ 냉각된 슈의 밑부분에 작은 구멍을 뚫는다. ❷ 짤주머니에 0.5cm의 원형모양깍지를 끼우고 지급 된 크림을 넣어 슈에 적당량 채운다.

✅ **제조공정 평가항목**

세부항목			
• 계량시간	• 반죽상태	• 물 분무	• 충전용 크림 충전
• 재료손실	• 정형준비	• 굽기 관리	• 정리정돈 및 청소
• 정확도	• 정형상태	• 구운 상태	• 개인위생
• 혼합순서			

✅ **제품평가기준**

세부항목	내용
부피	• 크기가 알맞고 모양이 일정하여야 한다.
외부균형	• 둥근 모양으로 찌그러짐 없이 대칭을 이루어야 한다.
껍질	• 자연스럽게 터지고 껍질이 물렁해서는 안 되며, 황금갈색을 띠어야 한다.
내상	• 충전용 크림이 적당량 충전되어야 한다.
맛과 향	• 바삭한 껍질과 크림이 잘 어울려야 하며, 끈적거리거나 탄 냄새, 생 재료 맛이 나서는 안 된다.

Tip

- 반죽을 충분히 호화시켜야 오븐에서 수증기압으로 표면이 잘 갈라진다.
- 반죽의 상태는 윤기가 나며 반죽을 올려 떨어뜨렸을 때 모양이 남아 있어야 한다.
- 굽는 과정 중 색이 나기 전에 오븐 문을 열거나, 수분을 충분히 건조시키지 않으면 제품이 주저앉으므로 주의한다.

사과파이

Apple Pie

시험시간 2시간 30분

⭐ 양과자의 일종으로 바삭한 비스킷 껍질에 사과를 충전물로 사용한 제품으로 충전물의 내용에 따라 다양한 제품이 된다.

✅ 요구사항

※ 사과파이를 제조하여 제출하시오.

❶ 껍질 재료를 계량하여 재료별로 진열하시오(6분).
- 재료계량(재료당 1분) → [감독위원 계량확인] → 작품제조 및 정리정돈(전체시험시간−재료계량시간)
- 재료계량 시간 내에 계량을 완료하지 못하여 시간이 초과된 경우 및 계량을 잘못한 경우는 추가의 시간 부여 없이 작품제조 및 정리정돈 시간을 활용하여 요구사항의 무게대로 계량
- 달걀의 계량은 감독위원이 지정하는 개수로 계량
❷ 껍질에 결이 있는 제품으로 제조하시오.
❸ 충전물은 개인별로 각자 제조하시오.
❹ 제시하는 팬(지름 약 12~15cm)에 맞추어 총 4개를 만들고 격자무늬(2개)와 뚜껑을 덮는 형태(2개)를 만드시오.
❺ 반죽은 전량을 사용하여 성형하시오.
❻ 충전물의 양은 팬의 크기에 따라 조정하여 사용하시오.

> ✅ 반 죽 법 : 블렌딩법−무팽창   ✅ 생 산 량 : 팬(∅12~15cm) 총 4개(격자무늬 2개와 뚜껑을 덮는 형태 2개)

✅ 배합표

− 껍질

재료명	비율(%)	무게(g)
중력분	100	400
설탕	3	12
소금	1.5	6
쇼트닝	55	220
탈지분유	2	8
물	35	140
계	196.5	786

− 충전물(충전용 재료는 계량시간에서 제외)

재료명	비율(%)	무게(g)
사과	100	700
설탕	18	126
소금	0.5	3.5(4)
계핏가루	1	7(8)
옥수수 전분	8	56
물	50	350
버터	2	14
계	179.5	1,256.5(1,258)

✅ 준비물

- 파이 팬
- 밀대
- 포크
- 붓
- 주걱
- 스크레이퍼
- 거품기
- 가루체
- 자
- 페이스트리 휠
- 비닐

✅ 제조공정

재료 계량	❶ 재료를 지정한 용기에 계량하여 무게를 측정하고 재료별로 진열한다. ❷ 전 재료를 제시한 6분 내에 손실과 오차 없이 정확히 계량한다.
전처리	❶ 가루재료를 가볍게 혼합하여 체에 쳐 이물질을 제거한다.
껍질 반죽	❶ 찬물에 설탕과 소금을 녹여 준비한다. ❷ 체에 친 중력분, 분유를 작업대 바닥에 놓은 뒤 그 위에 쇼트닝을 올려놓는다. ❸ 스크레이퍼 2개를 이용하여 쇼트닝이 콩알 정도의 크기가 될 때까지 잘게 다진다. ❹ 다져진 가루를 모아 중앙에 홈을 만들고 설탕과 소금이 녹아 있는 물을 부어준다. ❺ 물이 흐르지 않도록 밀가루를 중앙으로 밀어 넣으며 골고루 혼합해 한 덩어리로 만든다.
휴지	❶ 반죽을 비닐에 담아 손바닥으로 눌러 펴고 20~30분 정도 냉장 휴지한다. ❷ 반죽을 손가락으로 살짝 눌러서 자국이 그대로 남는 상태가 되면 휴지를 끝낸다.
충전물 만들기	❶ 사과껍질과 씨를 제거한 후 1~2cm의 크기로 깍둑 썰기를 하여 설탕물에 담가둔다. ❷ 볼에 전분, 계핏가루, 설탕, 소금, 물을 혼합하고 불에 올려 거품기를 이용하여 잘 저으면서 되직할 때까지 호화시킨다. ❸ 불에서 내린 반죽에 사과를 넣어 섞고 반죽이 식기 전에 버터를 넣어 마무리한다. ❹ 충전물을 상온에서 냉각시킨다.
성형	❶ 휴지시킨 반죽을 적당량 떼어 둥글게 뭉친 후 3mm 두께로 밀어 편다. ❷ 밀어 놓은 반죽을 파이 팬에 깔고 밖으로 나온 여분의 반죽은 스크레이퍼를 이용하여 잘라낸다. ❸ 냉각된 충전물을 팬과 수평이 되도록 눌러 담는다.
덮는 형태 (2개)	❶ 반죽을 적당량 떼어 2mm 두께로 밀어 원형모양의 덮개를 만든다. ❷ 충전물이 채워진 파이 팬 가장자리에 붓으로 물을 바른 뒤 밀어 편 반죽을 덮는다. ❸ 손으로 누르며 잘 덮어준 후 포크를 이용해 가장자리를 눌러 무늬를 내면서 돌려가며 붙여준다. ❹ 파이 팬을 손으로 들고 스크레이퍼를 세워 파이 팬 밖으로 나온 여분의 반죽을 잘라낸다. ❺ 노른자를 골고루 칠한 후 포크로 구멍을 내며 모양을 낸 뒤 가운데 부분을 열십자로 자른다.

격자무늬 (2개)	❶ 반죽을 적당량 떼어 2mm 두께로 밀어 원형모양으로 만든다.
	❷ 격자무늬가 되도록 1cm 정도의 띠 모양으로 잘라준다.
	❸ 충전물이 채워진 파이 팬 가장자리에 붓으로 물을 바른 뒤 격자모양으로 엮어 붙여준다.
	❹ 포크를 이용해 가장자리를 눌러 무늬를 내면서 돌려가며 붙여준다.
	❺ 파이 팬을 손으로 들고 스크레이퍼를 세워 파이 팬 밖으로 나온 여분의 반죽을 잘라낸다.
	❻ 노른자를 골고루 칠한다.
굽기	❶ 윗불 180℃, 아랫불 190℃ 오븐에서 25~30분 정도 굽는다.
	❷ 색이 나면 팬의 위치를 바꾸어 밑면이 갈색이 되도록 굽는다.
마무리	❶ 오븐에서 꺼내 살짝 냉각시킨 후 제품을 팬에서 분리한다.

✔ 제조공정 평가항목

세부항목			
• 계량시간	• 반죽상태	• 충전물 넣기	• 구운 상태
• 재료손실	• 반죽휴지	• 정형	• 정리정돈 및 청소
• 정확도	• 충전물 조리	• 굽기 관리	• 개인위생
• 혼합순서	• 밀어 펴기		

✔ 제품평가기준

세부항목	내용
부피	• 부피감이 있고, 껍질의 크기와 충전물의 양이 적당하며 윗면이 솟거나 주저앉지 않아야 한다.
외부균형	• 전체적으로 대칭을 이루고 위, 아래 껍질의 이음매가 터지지 않아야 한다.
껍질	• 결이 있고 바닥과 옆면 모두 밝은 갈색을 띠어야 한다.
맛과 향	• 전체적으로 조화를 이루고 텁텁한 맛이나 탄 냄새가 나서는 안 된다.

Tip

- 껍질 반죽 시 글루텐이 형성되지 않도록 반죽하여야 껍질이 바삭하다.
- 충전물 양이 많으면 끓어 넘칠 수 있으므로 팬과 수평이 되도록 알맞게 담는다.
- 파이 껍질 성형 시 바닥을 조금 더 두껍게 밀어야 충전물을 잘 받칠 수 있다.
- 오븐에서 꺼내자마자 틀에서 빼면 부서질 수 있으므로 식은 후 팬에서 분리하도록 한다.

브라우니

Brownie

시험시간 1시간 50분

⭐ 초콜릿 빛의 진한 초콜릿케이크로 부엌을 정돈하거나 접시를 닦아 놓는 등 인간에게 호의적인 '브라우니'라는 요정이름에서 유래되었다는 설이 있다.

✅ 요구사항

※ 브라우니를 제조하여 제출하시오.

❶ 배합표의 각 재료를 계량하여 재료별로 진열하시오(9분).

• 재료계량(재료당 1분) → [감독위원 계량확인] → 작품제조 및 정리정돈(전체시험시간-재료계량시간)

• 재료계량 시간 내에 계량을 완료하지 못하여 시간이 초과된 경우 및 계량을 잘못한 경우는 추가의 시간 부여 없이 작품제조 및 정리정돈 시간을 활용하여 요구사항의 무게대로 계량

• 달걀의 계량은 감독위원이 지정하는 개수로 계량

❷ 브라우니는 수작업으로 반죽하시오.

❸ 버터와 초콜릿을 함께 녹여서 넣는 1단계 변형반죽법으로 하시오.

❹ 반죽온도는 27℃를 표준으로 하시오.

❺ 반죽은 전량을 사용하여 성형하시오.

❻ 3호 원형팬 2개에 패닝하시오.

❼ 호두의 반은 반죽에 사용하고 나머지 반은 토핑하며, 반죽 속과 윗면에 골고루 분포되게 하시오(호두는 구워서 사용).

✅ 반 죽 법 : 1단계 변형반죽법   ✅ 반죽온도 : 27℃ ± 1℃   ✅ 생 산 량 : 3호팬(21cm) 원형 2개

✅ 배합표

재료명	비율(%)	무게(g)
중력분	100	300
달걀	120	360
설탕	130	390
소금	2	6
버터	50	150
다크초콜릿(커버처)	150	450
코코아파우더	10	30
바닐라향	2	6
호두	50	150
계	614	1,842

✅ 준비물

• 3호 원형 팬   • 가루체
• 위생지   • 온도계
• 주걱

✅ 제조공정

재료 계량	❶ 재료를 지정한 용기에 계량하여 무게를 측정하고 재료별로 진열한다. ❷ 전 재료를 제시한 9분 내에 손실과 오차 없이 정확히 계량한다.
전처리	❶ 가루재료를 가볍게 혼합하여 체에 쳐 이물질을 제거한다. ❷ 호두를 오븐에 살짝 구워 준비해 놓는다.
반죽	❶ 다진 다크초콜릿과 버터를 볼에 넣고 중탕으로 녹인다. ❷ 달걀을 볼에 넣고 거품기로 풀어준 뒤 설탕과 소금을 섞어 녹인다. ❸ 반죽에 녹인 초콜릿과 버터를 넣고 섞는다. ❹ 체에 친 중력분, 코코아파우더, 바닐라향을 넣고 고르게 섞는다. ❺ 구운 호두의 1/2을 섞어 반죽을 완성한다.
패닝	❶ 원형 팬 3호 내부에 위생지를 팬의 높이에서 0.5~1cm 올라오게 재단하여 깐다. ❷ 팬 2개에 반죽을 균일하게 채운다. ❸ 반죽 표면을 고무주걱으로 고르게 펴주고 작업대에 살짝 떨어뜨려 큰 기포를 제거한다. ❹ 나머지 호두 1/2을 골고루 뿌린다.
굽기	❶ 윗불 180℃, 아랫불 160℃ 오븐에서 35~40분 정도 굽는다. ❷ 색이 나면 팬의 위치를 바꾸어 전체 제품의 색이 균일하게 나도록 한다.
마무리	❶ 오븐에서 꺼내 작업대에 살짝 떨어뜨린 후 바로 팬에서 분리하여 냉각시킨다.

✅ 제조공정 평가항목

세부항목			
• 계량시간	• 혼합순서	• 팬 준비	• 구운 상태
• 재료손실	• 반죽상태	• 팬에 넣기	• 정리정돈 및 청소
• 정확도	• 반죽온도	• 굽기 관리	• 개인위생

✅ 제품평가기준

세부항목	내용
부피	• 부피감이 있고 틀 위로 부풀어 오른 비율이 알맞아야 한다.
외부균형	• 찌그러짐 없이 원기둥 모양으로 대칭을 이루어야 한다.
껍질	• 두껍지 않고 부드러우며 호두가 골고루 분포되어 있어야 한다.
내상	• 기공과 조직이 크거나 조밀하지 않고 균일하며 호두가 가라앉지 않고 골고루 분포되어 있어야 한다.
맛과 향	• 씹는 맛이 부드럽고 끈적거리거나 탄 냄새, 생 재료 맛이 나서는 안 된다.

Tip

• 초콜릿색으로 익은 정도를 확인하기 어려우므로 오븐의 시간과 온도 조절에 유의하여야 한다.

• 패닝 시 반죽에 되기는 주르륵 흐르는 정도가 적당하다.

• 너무 오래 구우면 표면이 딱딱하고 많이 갈라지므로 주의한다.

초코머핀
Choco Muffin
시험시간 1시간 50분

⭐ 코코아파우더와 초코칩을 첨가하여 구워낸 달콤하고 촉촉한 컵케이크로 주로 머핀에 들어가는 부재료의 명칭을 붙여서 부른다.

✅ 요구사항

※ 초코머핀을 제조하여 제출하시오.

❶ 배합표의 각 재료를 계량하여 재료별로 진열하시오(11분).

• 재료계량(재료당 1분) → [감독위원 계량확인] → 작품제조 및 정리정돈(전체시험시간-재료계량시간)

• 재료계량 시간 내에 계량을 완료하지 못하여 시간이 초과된 경우 및 계량을 잘못한 경우는 추가의 시간 부여 없이 작품제조 및 정리정돈 시간을 활용하여 요구사항의 무게대로 계량

• 달걀의 계량은 감독위원이 지정하는 개수로 계량

❷ 반죽은 크림법으로 제조하시오.

❸ 반죽온도는 24℃를 표준으로 하시오.

❹ 초코칩은 제품의 내부에 골고루 분포되게 하시오.

❺ 반죽분할은 주어진 팬에 알맞은 양으로 반죽을 패닝하시오.

❻ 반죽은 전량을 사용하여 분할하시오.

✅ 반 죽 법 : 크림법   ✅ 반죽온도 : 24℃ ± 1℃   ✅ 생 산 량 : 컵 용기 22~24개

✅ 배합표

재료명	비율(%)	무게(g)
박력분	100	500
설탕	60	300
버터	60	300
달걀	60	300
소금	1	5(4)
베이킹소다	0.4	2
베이킹파우더	1.6	8
물	35	175(174)
탈지분유	6	30
코코아파우더	12	60
초코칩	36	180
계	372	1,860(1,858)

✅ 준비물

• 머핀팬   • 주걱
• 머핀위생지   • 온도계
• 짤주머니

✅ 제조공정

재료 계량	❶ 재료를 지정한 용기에 계량하여 무게를 측정하고 재료별로 진열한다. ❷ 전 재료를 제시한 11분 내에 손실과 오차 없이 정확히 계량한다.
전처리	❶ 가루재료를 가볍게 혼합하여 체에 쳐 이물질을 제거한다.
반죽	❶ 버터를 믹싱 볼에 넣고 부드럽게 풀어준 후 설탕, 소금을 넣고 충분히 섞는다. ❷ 달걀을 조금씩 3~4회로 나눠 넣으며 중속 또는 고속으로 돌려 부드러운 크림상태로 만든다. ❸ 충분히 크림화가 되면 물을 조금씩 나눠 넣어주며 섞는다. ❹ 체에 친 박력분과 베이킹소다, 베이킹파우더, 코코아파우더, 탈지분유를 넣고 가볍게 혼합한다. ❺ 초코칩을 반죽에 넣고 고르게 섞는다.
패닝	❶ 머핀팬 내부에 머핀 위생지를 깔고 짤주머니에 반죽을 넣어 70% 정도 짜준다.
굽기	❶ 윗불 180℃, 아랫불 160℃ 오븐에서 20~25분 정도 굽는다. ❷ 색이 나면 팬의 위치를 바꾸어 전체 제품의 색이 균일하게 나도록 한다.
마무리	❶ 오븐에서 꺼내 바로 팬에서 분리하여 냉각시킨다.

✅ 제조공정 평가항목

세부항목			
• 계량시간	• 반죽상태	• 팬 준비	• 구운 상태
• 재료손실	• 반죽혼합 순서	• 팬에 넣기	• 정리정돈 및 청소
• 정확도	• 반죽온도	• 굽기 관리	• 개인위생
• 혼합순서			

✅ 제품평가기준

세부항목	내용
부피	• 틀 위로 부풀어 오른 비율이 알맞아야 한다.
외부균형	• 찌그러짐 없이 대칭을 이루어야 한다.
껍질	• 두껍지 않고 부드러우며 표면에 균열이 있어야 한다.
내상	• 기공과 조직이 크거나 조밀하지 않고 짙은 코코아색을 띠며, 초코칩이 제품에 골고루 분포되어야 한다.
맛과 향	• 씹는 맛이 촉촉하고 부드러우며 끈적거리거나 탄 냄새, 생 재료 맛이 나서는 안 된다.

Tip

• 버터를 크림화시킬 때 분리되지 않도록 달걀과 물은 조금씩 넣어준다.
• 반죽이 분리되거나 덩어리가 생기지 않도록 고무주걱으로 옆면과 바닥을 자주 긁어준다.
• 물은 반죽상태를 확인하며, 가루재료를 넣기 전 물 1/2을 넣고 가루재료를 넣은 후 나머지를 넣는 것도 좋은 방법이다.
• 반죽색이 진하기 때문에 오븐의 시간과 온도 조절에 유의하여 익은 정도를 잘 확인한다.

타르트

Tarte

시험시간 2시간 20분

⭐ 타르트는 파이의 프랑스어 표현으로 반죽을 깔고 크림을 채워 다양한 제품으로 만들 수 있는 과자이다.

✔ 요구사항

※ 타르트를 제조하여 제출하시오.

❶ 배합표의 반죽용 재료를 계량하여 재료별로 진열하시오(5분). (충전물, 토핑 등의 재료는 휴지시간을 활용하시오.)

• 재료계량(재료당 1분) → [감독위원 계량확인] → 작품제조 및 정리정돈(전체시험시간-재료계량시간)

• 재료계량 시간 내에 계량을 완료하지 못하여 시간이 초과된 경우 및 계량을 잘못한 경우는 추가의 시간 부여 없이 작품제조 및 정리정돈 시간을 활용하여 요구사항의 무게대로 계량

• 달걀의 계량은 감독위원이 지정하는 개수로 계량

❷ 반죽은 크림법으로 제조하시오.

❸ 반죽온도는 20℃를 표준으로 하시오.

❹ 반죽은 냉장고에서 20~30분 정도 휴지를 주시오.

❺ 반죽은 두께 3mm 정도 밀어펴서 팬에 맞게 성형하시오.

❻ 아몬드크림을 제조해서 팬(∅10~12cm) 용적의 60~70% 정도를 충전하시오.

❼ 아몬드슬라이스를 윗면에 고르게 장식하시오.

❽ 8개를 성형하시오.

❾ 광택제로 제품을 완성하시오.

✔ 반 죽 법 : 크림법   ✔ 반죽온도 : 20℃ ± 1℃   ✔ 생 산 량 : 팬(∅10~12cm) 8개

✔ 배합표

– 반죽

재료명	비율(%)	무게(g)
박력분	100	400
달걀	25	100
설탕	26	104
버터	40	160
소금	0.5	2
계	191.5	766

– 충전물

재료명	비율(%)	무게(g)
아몬드 분말	100	250
설탕	90	226
버터	100	250
달걀	65	162
브랜디	12	30
계	367	918

– 광택제 및 토핑

토핑(아몬드슬라이스)	66.6	100

재료명	비율(%)	무게(g)
에프리코트혼당	100	150
물	40	60
계	140	210

✅ 준비물

• 타르트 팬	• 주걱	• 원형모양깍지
• 밀대	• 스크레이퍼	• 가루체
• 포크	• 거품기	• 온도계
• 붓	• 짤주머니	• 비닐

✅ 제조공정

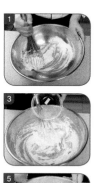

재료 계량	❶ 재료를 지정한 용기에 계량하여 무게를 측정하고 재료별로 진열한다. ❷ 전 재료를 제시한 5분 내에 손실과 오차 없이 정확히 계량한다.
전처리	❶ 박력분을 체에 쳐 이물질을 제거한다.
껍질 반죽	❶ 버터를 넣고 풀어준 후 설탕, 소금을 섞어 부드럽게 만든다. ❷ 달걀을 나눠 조금씩 넣으며 부드러운 크림상태로 만든다. ❸ 충분히 크림화가 되면 체에 친 박력분을 가볍게 혼합한다.
휴지	❶ 반죽을 비닐에 담아 손바닥으로 눌러 펴고 20~30분 정도 냉장 휴지한다. ❷ 반죽을 손가락으로 살짝 눌러서 자국이 그대로 남는 상태가 되면 휴지를 끝낸다.
충전물 만들기	❶ 버터를 볼에 넣고 부드럽게 풀어준 후 설탕을 넣고 충분히 섞는다. ❷ 달걀을 나눠 넣으며 부드러운 크림상태로 만든다. ❸ 체에 친 아몬드분말을 혼합한다. ❹ 브랜디를 넣고 매끈하게 섞는다.
성형	❶ 휴지시킨 반죽을 적당량 떼어 둥글게 뭉친 후 3mm 두께로 밀어 편다. ❷ 타르트 팬에 밀어 놓은 반죽을 깔고 밖으로 나온 여분의 반죽은 밀대로 밀어 떼어낸다. ❸ 포크를 이용하여 바닥에 구멍을 낸다.

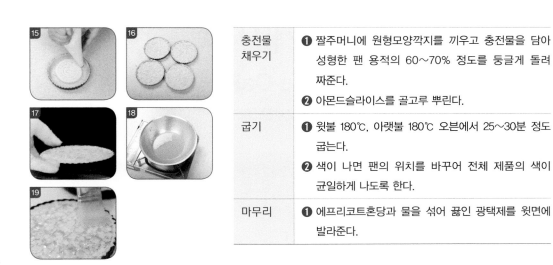

충전물 채우기	❶ 짤주머니에 원형모양깍지를 끼우고 충전물을 담아 성형한 팬 용적의 60~70% 정도를 둥글게 돌려 짜준다. ❷ 아몬드슬라이스를 골고루 뿌린다.
굽기	❶ 윗불 180℃, 아랫불 180℃ 오븐에서 25~30분 정도 굽는다. ❷ 색이 나면 팬의 위치를 바꾸어 전체 제품의 색이 균일하게 나도록 한다.
마무리	❶ 에프리코트혼당과 물을 섞어 끓인 광택제를 윗면에 발라준다.

✔ 제조공정 평가항목

세부항목			
• 계량시간	• 반죽상태	• 밀어 펴기	• 광택제 바르기
• 재료손실	• 반죽온도	• 충전물 충전하기	• 정리정돈 및 청소
• 정확도	• 반죽휴지	• 굽기 관리	• 개인위생
• 혼합순서	• 충전물 반죽하기	• 구운 상태	

✔ 제품평가기준

세부항목	내용
부피	• 충전 크림의 양이 적당하며 부피감이 있어야 한다.
외부균형	• 모양이 균일하고 찌그러짐 없이 대칭을 이루고 아몬드슬라이스가 골고루 분포되어야 한다.
껍질	• 결이 있고 바닥과 옆면 모두 밝은 갈색을 띠어야 한다.
맛과 향	• 전체적으로 조화를 이루고 부드럽고 바삭하며, 끈적거리거나 탄 냄새, 생 재료 맛이 나서는 안 된다.

Tip

- 제품에 덩어리가 생기지 않도록 고무주걱으로 자주 긁어주며 반죽한다.
- 충전물의 양이 적절하고 균일하여야 한다.
- 윗면, 옆면, 바닥까지 갈색이 전체적으로 잘 나야 한다.
- 광택제는 끓기 시작하면 중불로 2분 정도 더 끓여 약간 되직하고 진하게 만들어 사용한다.

치즈 케이크

Cheese Cake

시험시간 2시간 30분

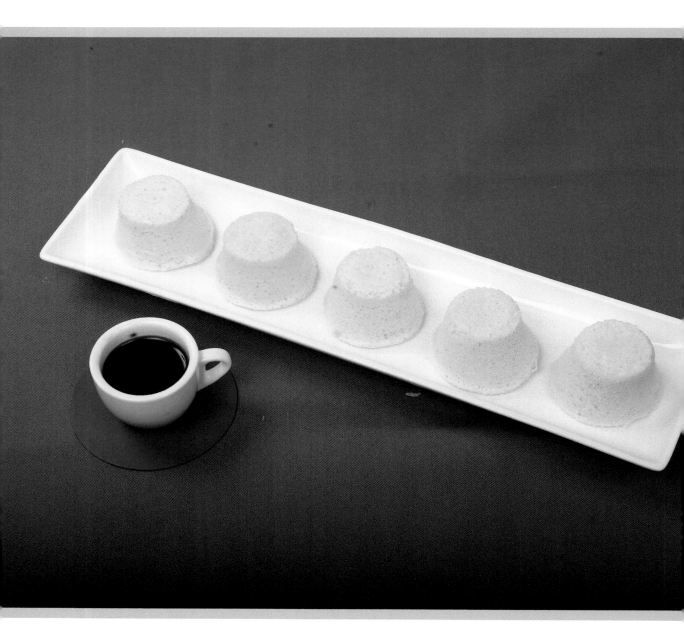

⭐ 치즈케이크는 수플레치즈케이크와 레어치즈케이크가 있는데 시험품목은 머랭을 이용한 반죽을 중탕으로 익히는 수플레 치즈케이크에 해당된다. 수플레(souffle)는 '부풀리다'라는 뜻을 갖고 있다.

✅ 요구사항

※ **치즈 케이크를 제조하여 제출하시오.**

❶ 배합표의 각 재료를 계량하여 재료별로 진열하시오(9분).

· 재료계량(재료당 1분) → [감독위원 계량확인] → 작품제조 및 정리정돈(전체시험시간−재료계량시간)

· 재료계량 시간 내에 계량을 완료하지 못하여 시간이 초과된 경우 및 계량을 잘못한 경우는 추가의 시간 부여 없이 작품제조 및 정리정돈 시간을 활용하여 요구사항의 무게대로 계량

· 달걀의 계량은 감독위원이 지정하는 개수로 계량

❷ 반죽은 별립법으로 제조하시오.

❸ 반죽온도는 20℃를 표준으로 하시오.

❹ 반죽의 비중을 측정하시오.

❺ 제시한 팬에 알맞도록 분할하시오.

❻ 굽기는 중탕으로 하시오.

❼ 반죽은 전량을 사용하시오.

✅ 반 죽 법 : 별립법 ✅ 반죽온도 : 20℃ ± 1℃

✅ 생 산 량 : 푸딩컵(아랫지름 4~5cm, 윗지름 6.5~7.5cm, 높이 3.5~4.5cm) 10개

✅ 배합표

재료명	비율(%)	무게(g)
중력분	100	80
버터	100	80
설탕(A)	100	80
설탕(B)	100	80
달걀	300	240
크림치즈	500	400
우유	162.5	130
럼주	12.5	10
레몬주스	25	20
계	1,400	1,120

✅ 준비물

· 푸딩컵   · 가루체   · 온도계
· 주걱   · 짤주머니   · 비중컵
· 거품기   · 지름 1cm 원형모양깍지 · 붓

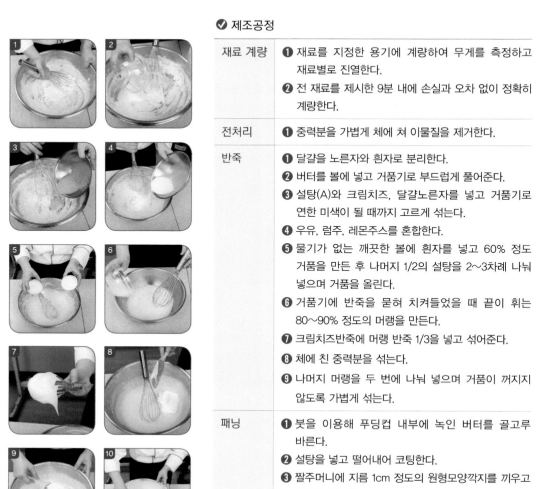

✅ 제조공정

재료 계량	❶ 재료를 지정한 용기에 계량하여 무게를 측정하고 재료별로 진열한다. ❷ 전 재료를 제시한 9분 내에 손실과 오차 없이 정확히 계량한다.
전처리	❶ 중력분을 가볍게 체에 쳐 이물질을 제거한다.
반죽	❶ 달걀을 노른자와 흰자로 분리한다. ❷ 버터를 볼에 넣고 거품기로 부드럽게 풀어준다. ❸ 설탕(A)와 크림치즈, 달걀노른자를 넣고 거품기로 연한 미색이 될 때까지 고르게 섞는다. ❹ 우유, 럼주, 레몬주스를 혼합한다. ❺ 물기가 없는 깨끗한 볼에 흰자를 넣고 60% 정도 거품을 만든 후 나머지 1/2의 설탕을 2~3차례 나눠 넣으며 거품을 올린다. ❻ 거품기에 반죽을 묻혀 치켜들었을 때 끝이 휘는 80~90% 정도의 머랭을 만든다. ❼ 크림치즈반죽에 머랭 반죽 1/3을 넣고 섞어준다. ❽ 체에 친 중력분을 섞는다. ❾ 나머지 머랭을 두 번에 나눠 넣으며 거품이 꺼지지 않도록 가볍게 섞는다.
패닝	❶ 붓을 이용해 푸딩컵 내부에 녹인 버터를 골고루 바른다. ❷ 설탕을 넣고 떨어내어 코팅한다. ❸ 짤주머니에 지름 1cm 정도의 원형모양깍지를 끼우고 반죽을 담는다. ❹ 컵에 80% 정도 균일하게 반죽을 채운다. ❺ 작업대에 살짝 떨어뜨려 큰 기포를 제거한다.
굽기	❶ 팬에 따뜻한 물을 1/3 정도 붓고 윗불 150℃, 아랫불 150℃ 오븐에서 중탕으로 굽는다.
마무리	❶ 오븐에서 꺼내 바로 컵에서 분리하여 냉각시킨다.

✅ 제조공정 평가항목

세부항목			
• 계량시간	• 반죽상태	• 팬 준비	• 구운 상태
• 재료손실	• 반죽온도	• 팬에 넣기	• 정리정돈 및 청소
• 정확도	• 비중	• 굽기 관리	• 개인위생
• 혼합순서			

✅ 제품평가기준

세부항목	내용
부피	• 틀 위로 부풀어 오른 비율이 알맞아야 한다.
외부균형	• 찌그러짐 없이 균일한 모양으로 대칭을 이루어야 한다.
껍질	• 두껍지 않고 반점이나 기포 자국이 없어야 한다.
내상	• 기공과 조직이 크거나 조밀하지 않고 균일하며 밝은 노란색을 띠어야 한다.
맛과 향	• 씹는 맛이 부드럽고 촉촉하며, 끈적거리거나 탄 냄새, 생 재료 맛이 나서는 안 된다.

Tip

- 재료를 혼합할 때 덩어리가 없도록 충분히 섞어준다.
- 굽는 동안 오븐을 열지 않는다.
- 머랭은 80~90%(중간피크) 상태까지만 올린다.

호두파이
Walnut Pie
시험시간 2시간 30분

⭐ 파이 반죽에 달걀 충전물을 붓고, 로스팅한 호두를 올려서 굽는 파이로 호두 대신 피칸을 올리기도 한다.

✅ 요구사항

※ 호두파이를 제조하여 제출하시오.

❶ 껍질재료를 계량하여 재료별로 진열하시오(7분).

• 재료계량(재료당 1분) → [감독위원 계량확인] → 작품제조 및 정리정돈(전체시험시간-재료계량시간)

• 재료계량 시간 내에 계량을 완료하지 못하여 시간이 초과된 경우 및 계량을 잘못한 경우는 추가의 시간 부여 없이 작품제조 및 정리정돈 시간을 활용하여 요구사항의 무게대로 계량

• 달걀의 계량은 감독위원이 지정하는 개수로 계량

❷ 껍질에 결이 있는 제품으로 손반죽하여 제조하시오.

❸ 껍질 휴지는 냉장온도에서 실시하시오.

❹ 충전물은 개인별로 각자 제조하시오.(호두는 구워서 사용)

❺ 구운 후 충전물의 층이 선명하도록 제조하시오.

❻ 제시한 팬 7개에 맞는 껍질을 제조하시오.(팬 크기가 다를 경우 크기에 따라 가감)

❼ 반죽은 전량을 사용하여 성형하시오.

✅ 반 죽 법 : 블렌딩법　　✅ 반죽온도 : 23℃ ± 1℃

✅ 생 산 량 : 파이 팬(Ø9.5~10.5cm) 7개-팬 크기가 다를 경우 크기에 따라 가감

✅ 배합표

– 껍질

재료명	비율(%)	무게(g)
중력분	100	400
노른자	10	40
소금	1.5	6
설탕	3	12
생크림	12	48
버터	40	160
물	25	100
계	191.5	766

※충전용 재료는 계량시간에서 제외

재료명	비율(%)	무게(g)
호두	100	250
설탕	100	250
물엿	100	250
계핏가루	1	2.5(2)
물	40	100
달걀	240	600
계	581	1,452.5(1,452)

✅ 준비물

- 파이 팬
- 거품기
- 밀대
- 가루체
- 주걱
- 비닐
- 스크레이퍼

✅ 제조공정

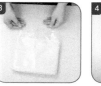

재료 계량	❶ 재료를 지정한 용기에 계량하여 무게를 측정하고 재료별로 진열한다. ❷ 전 재료를 제시한 7분 내에 손실과 오차 없이 정확히 계량한다.(노른자는 계량하지 않고 지정해준 개수만큼의 달걀을 가져다 놓는다.)
전처리	❶ 중력분을 체에 쳐 이물질을 제거한다. ❷ 호두는 구워서 준비한다.
껍질 반죽	❶ 냉수에 소금과 설탕을 녹인다. ❷ 생크림과 노른자를 풀어 혼합한다. ❸ 체에 친 중력분을 작업대에 놓고 그 위에 버터를 얹는다. ❹ 스크레이퍼 2개를 이용하여 버터가 콩알 정도의 크기가 될 때까지 잘게 다진다. ❺ 다져진 가루를 모아 중앙에 홈을 만들고 혼합한 물을 부어준다. ❻ 물이 흐르지 않도록 밀가루를 중앙으로 밀어 넣으며 골고루 혼합해 한 덩어리로 만든다.
휴지	❶ 반죽을 비닐에 담아 손바닥으로 눌러 펴고 20~30분 정도 냉장 휴지한다. ❷ 반죽을 손가락으로 살짝 눌러서 자국이 그대로 남는 상태가 되면 휴지를 끝낸다.
충전물 만들기	❶ 달걀을 볼에 넣고 거품이 생기지 않도록 풀어준다. ❷ 설탕과 물엿을 넣고 살살 저으며 중탕으로 녹여준다. ❸ 체에 한번 내려 이물질을 걸러주고 거품을 최대한 제거한다. ❹ 물에 계핏가루를 풀어준 후 혼합물에 섞어준다.

성형	❶ 휴지시킨 반죽을 적당량 떼어 둥글게 뭉친 후 3mm 두께로 밀어 펴 파이 팬에 깐다. ❷ 파이 팬을 손으로 들고 스크레이퍼를 세워 파이 팬 밖으로 나온 여분의 반죽을 잘라낸 후 반죽테두리를 반으로 접어 세우고 양 손가락을 이용하여 물결모양을 만든다.
충전물 채우기	❶ 구운 호두를 성형한 파이에 깐다. ❷ 팬과 수평이 되도록 충전물을 부어준다.
굽기	❶ 윗불 170℃, 아랫불 160℃ 오븐에서 30~35분 정도 굽는다. ❷ 색이 나면 팬의 위치를 바꾸어 전체 제품의 색이 균일하게 나도록 한다.
마무리	❶ 오븐에서 꺼내 살짝 냉각시킨 후 제품을 팬에서 분리한다.

✔ 제조공정 평가항목

세부항목			
• 계량시간	• 반죽상태	• 밀어 펴기	• 구운 상태
• 재료손실	• 반죽휴지	• 충전물 충전하기	• 정리정돈 및 청소
• 정확도	• 충전물 반죽하기	• 굽기 관리	• 개인위생
• 혼합순서			

✔ 제품평가기준

세부항목	내용
부피	• 부피감이 있고, 껍질의 크기와 충전물의 양이 적당하며 윗면이 솟거나 주저앉지 않아야 한다.
외부균형	• 모양이 균일하고 찌그러짐 없이 전체적으로 대칭을 이루고 테두리 모양이 일정해야 한다.
껍질	• 결이 있고 바닥과 옆면 모두 밝은 갈색을 띠어야 한다.
내상	• 부드러우며 큰 기공이 없이 밝은 노란색을 띠어야 한다.
맛과 향	• 전체적으로 조화를 이루고 부드럽고 바삭하며, 텁텁한 맛이나 탄 냄새가 나서는 안 된다.

Tip

• 충전물 중탕 시 달걀이 익지 않도록 주의한다.
• 충전물 양이 많으면 끓어 넘칠 수 있으므로 팬과 수평이 되도록 알맞게 담는다.
• 전체가 밝은 갈색이 나도록 굽기를 조절한다.

초코롤케이크
Chocolate Roll Cake
시험시간 1시간 50분

✪ 공립법을 이용한 제품으로 가나슈를 바르고 말아서 만든 케이크이다.

✅ 요구사항

※ 초코롤케이크를 제조하여 제출하시오.

❶ 배합표의 각 재료를 계량하여 재료별로 진열하시오(7분).

• 재료계량(재료당 1분) → [감독위원 계량확인] → 작품제조 및 정리정돈(전체시험시간−재료계량시간)

• 재료계량 시간 내에 계량을 완료하지 못하여 시간이 초과된 경우 및 계량을 잘못한 경우는 추가의 시간 부여 없이 작품제조 및 정리정돈 시간을 활용하여 요구사항의 무게대로 계량

• 달걀의 계량은 감독위원이 지정하는 개수로 계량

❷ 반죽은 공립법으로 제조하시오.

❸ 반죽온도는 24℃를 표준으로 하시오.

❹ 반죽의 비중을 측정하시오.

❺ 제시한 철판에 알맞도록 패닝하시오.

❻ 충전용 재료는 가나슈를 만들어 제품에 전량 사용하시오.

❼ 시트를 구운 윗면에 가나슈를 바르고 원형이 잘 유지되도록 말아 제품을 완성하시오.(반대방향으로 롤을 말면 성형 및 제품평가 해당 항목 감점)

✅ 반 죽 법 : 공립법(0.45±0.05)　　✅ 반죽온도 : 24℃± 1℃　　✅ 생 산 량 : 둥글게 만 원통형 1개

✅ 배합표

재료명	비율(%)	무게(g)
박력분	100	168
설탕	128	216
코코아파우더	21	36
달걀	285	480
베이킹소다	1	2
물	7	12
우유	17	30
계	559	944

※충전용 재료는 계량시간에서 제외

다크커버처	119	200
생크림	119	200
럼	12	20

✅ 준비물

• 평철판　　• 온도계　　• 붓
• 위생지　　• 비중컵　　• 긴 밀대
• 주걱　　　• 스패튤러　• 면포
• 가루체

✅ 제조공정

재료 계량	❶ 재료를 지정한 용기에 계량하여 무게를 측정하고 재료별로 진열한다. ❷ 전 재료를 제시한 7분 내에 손실과 오차 없이 정확히 계량한다.
전처리	❶ 가루재료를 가볍게 혼합하여 체에 쳐 이물질을 제거한다.
반죽	❶ 믹싱 볼에 달걀을 넣고 풀어준 다음 설탕을 넣고 저속으로 섞는다. ❷ 설탕이 어느 정도 용해되면 중속–고속으로 믹싱한다.(실내온도가 낮을 경우 따뜻한 물을 볼에 받쳐 중탕하여 38~43℃상태에서 거품을 올리면 거품 상태가 좋다) ❸ 반죽을 찍어 올렸을 때 일정한 간격을 두고 천천히 떨어지는 상태까지 거품을 올린다. ❹ 믹싱이 완료되면 저속으로 낮추어 기포를 균일하게 해준다. ❺ 반죽에 체에 친 박력분과 베이킹소다, 코코아파우더를 넣어 가볍게 섞는다. ❻ 따뜻하게 데운 우유와 물을 한데 섞고 반죽에 넣으며 반죽의 되기를 조절한다.
패닝	❶ 평철판의 내부에 위생지를 재단하여 깐다. ❷ 전량의 반죽을 팬에 채운다. ❸ 반죽 표면을 고무주걱으로 고르게 펴주고 작업대에 살짝 떨어뜨려 큰 기포를 제거한다.
굽기	❶ 윗불 180℃, 아랫불 150℃ 오븐에서 20분 정도 굽는다. ❷ 색이 나면 팬의 위치를 바꾸어 전체 제품의 색이 균일하게 나도록 한다. ❸ 오븐에서 꺼내면 바로 팬에서 분리하여 냉각팬에 옮긴다.
충전물 만들기	❶ 다크커버처 초콜릿을 작게 다져 준비한다. ❷ 생크림을 끓여 다진 초콜릿에 붓고 녹여준 뒤 럼을 넣고 마무리한다.
충전용 가나슈크림 말아주기	❶ 면보를 물에 적셔 꼭 짠 뒤 작업대 위에 깐다. ❷ 구워낸 시트의 윗부분이 면보 바닥으로 향하게 뒤집어엎고 물을 바른 후 위생지를 떼어낸다. ❸ 시트 구운 윗면이 위로 향할 수 있도록 다시 시트를 돌려준다. ❹ 구운 윗면에 스패튤러를 이용하여 가나슈크림을 골고루 펴 바른 후 말기 시작할 부분에 1cm 간격으로 3군데 자국을 내준다. ❺ 긴 밀대를 이용하여 원형이 잘 유지되도록 둥글게 말아준다.

✔ 제조공정 평가항목

세부항목			
• 계량시간	• 반죽상태	• 팬에 넣기	• 말기
• 재료손실	• 반죽온도	• 무늬 만들기	• 정리정돈 및 청소
• 정확도	• 비중	• 굽기 관리	• 개인위생
• 혼합 순서	• 팬 준비	• 구운 상태	

✔ 제품평가기준

세부항목	내용
부피	• 말아놓은 제품이 주저앉지 않고 적절한 부피를 형성하며 일정한 원통형이어야 한다.
외부균형	• 찌그러짐 없이 상하좌우 대칭을 이루어야 한다.
껍질	• 무늬모양과 색이 고르고 껍질이 터지거나 주름이 없어야 한다.
내상	• 기공과 조직이 크거나 조밀하지 않고 균일하며 잼이 밖으로 흘러내리지 않아야 한다.
맛과 향	• 식감이 부드러우며, 끈적거리거나 탄 냄새, 생 재료 맛이 나서는 안 된다.

Tip

• 시트가 뜨거울 때 말면 충전용 크림이 녹을 수 있으므로 주의한다.
• 충전용 가나슈크림은 너무 묽거나 되지 않도록 조절해야 한다.

Chapter
3

제빵기능사
실기

식빵 비상스트레이트법
White Pan Bread
시험시간 2시간 40분

❖ 빵의 가장 기본형으로 틀에 구운 흰빵을 의미한다. 산 봉우리형으로 만든 오픈 영국형과 꼭대기가 평평해진 미국형이 있다.

✅ 요구사항

※ 식빵(비상스트레이트법)을 제조하여 제출하시오.

❶ 배합표의 각 재료를 계량하여 재료별로 진열하시오(8분).

- 재료계량(재료당 1분) → [감독위원 계량확인] → 작품제조 및 정리정돈(전체시험시간-재료계량시간)
- 재료계량 시간 내에 계량을 완료하지 못하여 시간이 초과된 경우 및 계량을 잘못한 경우는 추가의 시간 부여 없이 작품제조 및 정리정돈 시간을 활용하여 요구사항의 무게대로 계량
- 달걀의 계량은 감독위원이 지정하는 개수로 계량

❷ 비상스트레이트법 공정에 의해 제조하시오.(반죽온도는 30℃로 한다.)

❸ 표준분할무게는 170g으로 하고, 제시된 팬의 용량을 감안하여 결정하시오.(단, 분할무게×3을 1개의 식빵으로 함).

❹ 반죽은 전량을 사용하여 성형하시오.

- ✅ 반 죽 법 : 비상스트레이트법(반죽온도 30℃)
- ✅ 생 산 량 : 170g × 3개 → 완제품 4개 생산
- ✅ 형   태 : 삼봉형(山형)

✅ 배합표

재료명	비상스트레이트법	
	비율(%)	무게(g)
강력분	100	1,200
물	63	756
생이스트	5	60
제빵개량제	2	24
소금	1.8	21.6(22)
설탕	5	60
쇼트닝	4	48
탈지분유	3	36
계	183.8	2,205.6(2,206)

✅ 준비물

- 스텐볼
- 스크레이퍼
- 주걱
- 식빵 틀(소형)
- 온도계
- 밀대
- 비닐

✔ 제조공정

재료 계량	❶ 재료를 지정한 용기에 계량하여 무게를 측정하고 재료별로 진열한다. ❷ 전 재료를 제시한 8분 내에 손실과 오차 없이 정확히 계량한다.
반죽	❶ 쇼트닝을 제외한 재료를 모두 넣고 믹싱한다. ❷ 클린업 단계가 되면 쇼트닝을 넣고 일반 식빵반죽보다 20~25% 정도 더 오래 최종단계 후기까지 믹싱한다. ❸ 반죽온도 30℃가 되도록 한다.
1차 발효	❶ 온도 30℃, 습도 75~80% 발효실에서 15~30분 발효시킨다.
분할	❶ 170g씩 12개 분할한 후 둥글리기한다.
중간발효	❶ 반죽을 비닐로 덮은 후 10~15분 중간발효시킨다.
성형	❶ 작업대 바닥에 덧가루를 살짝 뿌리고 반죽을 밀대로 밀어 가스를 빼준다. ❷ 반죽을 일정한 두께로 밀어 3겹 접기 후 좌우대칭이 되도록 둥글게 만다. ❸ 이음매를 잘 봉한다.
패닝	❶ 식빵 팬에 성형된 반죽의 이음매를 아래쪽으로 하여 3개씩 넣고 손등으로 가볍게 눌러 바닥면을 평평하게 해준다.
2차 발효	❶ 온도 38℃, 습도 85~90% 발효실에서 40분 발효시킨다.(식빵 팬 높이에 90% 정도가 될 때까지 발효)
굽기	❶ 윗불 160℃, 아랫불 190℃ 오븐에서 30~35분 정도 굽는다.

✅ 제조공정 평가항목

	세부항목
1	• 재료 계량
2	• 제법에 따른 혼합 순서
3	• 반죽상태와 반죽온도
4	• 1차 발효 관리, 상태
5	• 분할, 숙련도, 둥글리기, 중간발효
6	• 정형 숙련도, 정형상태, 팬 넣기
7	• 2차 발효 관리, 상태
8	• 제품 굽기, 구운 상태
9	• 개인위생 및 청소 상태
10	• 완성 제품 평가

✅ 제품평가기준

세부항목	내용
부피	• 분할무게와 비교해 부피가 알맞고 균일해야 한다.
외부균형	• 모양이 찌그러지지 않고 균형 잡힌 대칭을 이루어야 한다.
껍질	• 부드러우며 부위별로 고른 황금갈색을 띠고 반점과 줄무늬가 없어야 한다.
내상	• 기공과 조직의 크기가 고르고 밝은 색을 띠어야 한다.
맛과 향	• 부드러운 맛과 은은한 향이 나야 하며 탄 냄새, 생 재료 맛이 없어야 한다.

Tip

- 비상법의 필수 조건을 잘 지켜야 정확한 제품을 만들 수 있다.
- (물-1% 감소, 설탕-1% 줄임, 이스트-2배 증가, 반죽시간-20~25% 증가, 반죽온도 -30℃, 1차 발효시간 15~30분 감소)
- 1차 발효는 어린 반죽상태까지만 발효시키고 발효시간이 오버되지 않도록 주의한다.
- 구워진 제품의 옆면이 노릇한 황금갈색이 되도록 구워야 주저앉지 않는다.

우유식빵
Milk Pan Bread
시험시간 3시간 40분

✪ 본반죽에서 물 대신 우유를 넣어 만든 부드럽고 촉촉한 식빵이다.

✅ 요구사항

※ 우유식빵을 제조하여 제출하시오.

❶ 배합표의 각 재료를 계량하여 재료별로 진열하시오(8분).

• 재료계량(재료당 1분) → [감독위원 계량확인] → 작품제조 및 정리정돈(전체시험시간−재료계량시간)

• 재료계량 시간 내에 계량을 완료하지 못하여 시간이 초과된 경우 및 계량을 잘못한 경우는 추가의 시간 부여 없이 작품제조 및 정리정돈 시간을 활용하여 요구사항의 무게대로 계량

• 달걀의 계량은 감독위원이 지정하는 개수로 계량

❷ 반죽은 스트레이트법으로 제조하시오.(단, 유지는 클린업 단계에 첨가하시오.)

❸ 반죽온도는 27℃를 표준으로 하시오.

❹ 표준분할무게는 180g으로 하고, 제시된 팬의 용량을 감안하여 결정하시오.(단, 분할무게×3을 1개의 식빵으로 함)

❺ 반죽은 전량을 사용하여 성형하시오.

✅ 반 죽 법 : 스트레이트법 (반죽온도 27℃)

✅ 생 산 량 : 180g × 3개 → 완제품 4개 생산

✅ 형   태 : 삼봉형(山형)

✅ 배합표

재료명	비율(%)	무게(g)
강력분	100	1,200
우유	40	480
물	29	348
이스트	4	48
제빵개량제	1	12
소금	2	24
설탕	5	60
쇼트닝	4	48
계	185	2,220

✅ 준비물

• 스텐볼	• 비닐	• 식빵 틀(소형)
• 주걱	• 스크레이퍼	• 밀대
• 온도계		

Chapter 3 제빵기능사 실기 149

✅ 제조공정

재료 계량	❶ 재료를 지정한 용기에 계량하여 무게를 측정하고 재료별로 진열한다. ❷ 전 재료를 제시한 8분 내에 손실과 오차 없이 정확히 계량한다.
반죽	❶ 쇼트닝을 제외한 재료를 모두 넣고 믹싱한다. ❷ 클린업 단계가 되면 쇼트닝을 넣고 최종단계까지 믹싱한다. ❸ 반죽온도 27℃가 되도록 한다.
1차발효	❶ 온도 27℃, 습도 75~80% 발효실에서 60~70분 발효시킨다.
분할	❶ 180g씩 12개 분할한 후 둥글리기한다.
중간발효	❶ 반죽을 비닐로 덮은 후 10~15분 중간발효시킨다.
성형	❶ 작업대 바닥에 덧가루를 살짝 뿌리고 반죽을 밀대로 밀어 가스를 빼준다. ❷ 반죽을 일정한 두께로 밀어 3겹 접기 후 좌우대칭이 되도록 둥글게 만다. ❸ 이음매를 잘 봉한다.
패닝	❶ 식빵 팬에 성형된 반죽의 이음매를 아래쪽으로 하여 3개씩 넣고 손등으로 가볍게 눌러 바닥면을 평평하게 해준다.
2차 발효	❶ 온도 35~38℃, 습도 85~90% 발효실에서 40~50분 발효시킨다.(식빵 팬 높이보다 0.5~1cm 정도 위로 올라올 때까지 발효)
굽기	❶ 윗불 160℃, 아랫불 190℃ 오븐에서 30~35분 정도 굽는다.

✅ 제조공정 평가항목

세부항목	
1	• 재료 계량
2	• 제법에 따른 혼합 순서
3	• 반죽상태와 반죽온도
4	• 1차 발효 관리, 상태
5	• 반죽 분할 시간, 숙련도
6	• 둥글리기
7	• 중간발효
8	• 정형 숙련도, 정형상태
9	• 팬 넣기, 2차 발효 관리, 발효상태
10	• 제품 굽기, 구운 상태
11	• 개인위생 및 청소 상태
12	• 완성 제품 평가

✅ 제품평가기준

세부항목	내용
부피	• 분할무게와 비교해 부피가 알맞고 균일해야 한다.
균형	• 모양이 찌그러지지 않고 균형 잡힌 대칭을 이루어야 한다.
껍질	• 부드러우며 부위별로 고른 황금갈색을 띠고 반점과 줄무늬가 없어야 한다.
속결	• 기공과 조직의 크기가 고르고 밝은 색을 띠어야 한다.
맛과 향	• 우유의 맛과 은은한 향이 나야 하며 탄 냄새, 생 재료 맛이 없어야 한다.

Tip

• 2차 발효는 팬 위로 0.5~1cm 정도 올라온 상태가 적당하다.

• 우유의 유당에 의해 굽기 중 색이 진하게 나올 수 있으므로 굽기에 유의한다.

옥수수식빵
Corn Pan Bread
시험시간 3시간 40분

★ 옥수수가루가 20% 함유된 고소한 맛의 식빵으로 찰진 성분이 있어 물 조절에 신경 써야 한다.

✅ 요구사항

※ 옥수수식빵을 제조하여 제출하시오.

❶ 배합표의 각 재료를 계량하여 재료별로 진열하시오(10분).

- 재료계량(재료당 1분) → [감독위원 계량확인] → 작품제조 및 정리정돈(전체시험시간−재료계량시간)
- 재료계량 시간 내에 계량을 완료하지 못하여 시간이 초과된 경우 및 계량을 잘못한 경우는 추가의 시간 부여 없이 작품제조 및 정리정돈 시간을 활용하여 요구사항의 무게대로 계량
- 달걀의 계량은 감독위원이 지정하는 개수로 계량

❷ 반죽은 스트레이트법으로 제조하시오.(단, 유지는 클린업 단계에서 첨가하시오.)

❸ 반죽온도는 27℃를 표준으로 하시오.

❹ 표준분할무게는 180g으로 하고, 제시된 팬의 용량을 감안하여 결정하시오.(단, 분할무게×3을 1개의 식빵으로 함)

❺ 반죽은 전량을 사용하여 성형하시오.

- ✅ 반 죽 법 : 스트레이트법(반죽온도 27℃)
- ✅ 생 산 량 : 180g × 3개 → 완제품 4개 생산
- ✅ 형   태 : 삼봉형(山형)

✅ 배합표

재료명	비율(%)	무게(g)
강력분	80	960
옥수수분말	20	240
물	60	720
이스트	3	36
제빵개량제	1	12
소금	2	24
설탕	8	96
쇼트닝	7	84
달걀	5	60
탈지분유	3	36
계	189	2,268

✅ 준비물

- 스텐볼
- 비닐
- 식빵 틀(소형)
- 주걱
- 스크레이퍼
- 밀대
- 온도계

✅ 제조공정

재료 계량	❶ 재료를 지정한 용기에 계량하여 무게를 측정하고 재료별로 진열한다. ❷ 전 재료를 제시한 10분 내에 손실과 오차 없이 정확히 계량한다.
반죽	❶ 쇼트닝을 제외한 재료를 모두 넣고 믹싱한다. ❷ 클린업 단계가 되면 쇼트닝을 넣고 최종단계 초기인 일반 식빵반죽의 90% 정도 믹싱한다. ❸ 반죽온도 27℃가 되도록 한다.
1차 발효	❶ 온도 27℃, 습도 75~80% 발효실에서 60~70분 발효시킨다.
분할	❶ 180g씩 12개 분할한 후 둥글리기한다.
중간발효	❶ 반죽을 비닐로 덮은 후 10~15분 중간발효시킨다.
성형	❶ 작업대 바닥에 덧가루를 살짝 뿌리고 반죽을 밀대로 밀어 가스를 빼준다. ❷ 반죽을 일정한 두께로 밀어 3겹 접기 후 좌우대칭이 되도록 둥글게 만다. ❸ 이음매를 잘 봉한다.
패닝	❶ 식빵 팬에 성형된 반죽의 이음매를 아래쪽으로 하여 3개씩 넣고 손등으로 가볍게 눌러 바닥면을 평평하게 해준다.
2차 발효	❶ 온도 35~38℃, 습도 85~90% 발효실에서 40~50분 발효시킨다.(식빵 팬 높이보다 1cm 정도 위로 올라올 때까지 발효)
굽기	❶ 윗불 160℃, 아랫불 190℃ 오븐에서 30~35분 정도 굽는다.

✅ 제조공정 평가항목

	세부항목
1	• 재료 계량
2	• 정해진 제법에 따른 믹싱
3	• 반죽상태와 반죽온도, 비중
4	• 팬 준비, 팬에 반죽 넣기
5	• 제품 굽기 관리, 윗면 칼질하기
6	• 구운 상태, 노른자 칠하기
7	• 개인위생 및 청소 상태
8	• 완성 제품 평가

✅ 제품평가기준

세부항목	내용
부피	• 분할무게와 비교해 부피가 알맞고 균일해야 한다.
균형	• 모양이 찌그러지지 않고 균형 잡힌 대칭을 이루어야 한다.
껍질	• 부드럽고 부위별로 고른 황금갈색이 나며 반점과 줄무늬가 없어야 한다.
속결	• 기공과 조직의 크기가 고르고 옥수수의 색깔이 연하게 배어 있어야 한다.
맛과 향	• 옥수수의 구수한 맛과 향이 발효 향과 조화를 이루며 탄 냄새, 생 재료 맛이 없어야 한다.

Tip

• 옥수수가루에는 글루텐 함량이 적으므로 일반 식빵보다 믹싱을 짧게 한다.

• 일반식빵보다 오븐 팽창이 적으므로 2차 발효는 팬 높이보다 1cm 더 시킨다.

• 분할량이 일반 식빵보다 많으므로 충분히 구워 주저앉지 않도록 주의한다.

풀만식빵
Pullman Bread
시험시간 3시간 40분

★ 뚜껑이 있는 식빵 틀에 구운 네모반듯한 모양의 식빵으로 샌드위치용으로 사용되며 샌드위치 빵,
토스트 식빵이라고도 한다.

✅ 요구사항

※ **풀만식빵을 제조하여 제출하시오.**

❶ 배합표의 각 재료를 계량하여 재료별로 진열하시오(9분).

• 재료계량(재료당 1분) → [감독위원 계량확인] → 작품제조 및 정리정돈(전체시험시간−재료계량시간)

• 재료계량 시간 내에 계량을 완료하지 못하여 시간이 초과된 경우 및 계량을 잘못한 경우는 추가의 시간 부여 없이 작품제조 및 정리정돈 시간을 활용하여 요구사항의 무게대로 계량

• 달걀의 계량은 감독위원이 지정하는 개수로 계량

❷ 반죽은 스트레이트법으로 제조하시오.(단, 유지는 클린업 단계에 첨가하시오.)

❸ 반죽온도는 27℃를 표준으로 하시오.

❹ 표준분할무게는 250g으로 하고, 제시된 팬의 용량을 감안하여 결정하시오(단, 분할무게×2를 1개의 식빵으로 함).

❺ 반죽은 전량을 사용하여 성형하시오.

✔ 반 죽 법 : 스트레이트법(반죽온도 27℃)

✔ 생 산 량 : 250g × 3개 → 완제품 5개 생산

✔ 형   태 : 사각식빵(소형)

✅ 배합표

재료명	비율(%)	무게(g)
강력분	100	1,400
물	58	812
이스트	4	56
제빵개량제	1	14
소금	2	28
설탕	6	84
쇼트닝	4	56
달걀	5	70
분유	3	42
계	183	2,562

✅ 준비물

• 스텐볼
• 비닐
• 뚜껑이 있는 식빵 틀(소형)
• 주걱
• 스크레이퍼
• 밀대
• 온도계

✅ 제조공정

재료 계량	❶ 재료를 지정한 용기에 계량하여 무게를 측정하고 재료별로 진열한다. ❷ 전 재료를 제시한 9분 내에 손실과 오차 없이 정확히 계량한다.
반죽	❶ 쇼트닝을 제외한 재료를 모두 넣고 믹싱한다. ❷ 클린업 단계가 되면 쇼트닝을 넣고 최종단계까지 믹싱한다. ❸ 반죽온도 27℃가 되도록 한다.
1차 발효	❶ 온도 27℃, 습도 75~80% 발효실에서 60~70분 발효시킨다.
분할	❶ 250g씩 10개 분할한 후 둥글리기한다.
중간발효	❶ 반죽을 비닐로 덮은 후 10~15분 중간발효시킨다.
성형	❶ 작업대 바닥에 덧가루를 살짝 뿌리고 반죽을 밀대로 밀어 가스를 빼준다. ❷ 반죽을 일정한 두께로 밀어 3겹 접기 후 좌우대칭이 되도록 둥글게 만다. ❸ 이음매를 잘 봉한다.
패닝	❶ 식빵 팬에 성형된 반죽의 이음매를 아래쪽으로 하여 2개씩 넣고 손등으로 가볍게 눌러 바닥면을 평평하게 해준다.
2차 발효	❶ 온도 35~38℃, 습도 85~90% 발효실에서 30~40분 발효시킨 후 뚜껑을 덮는다.(식빵 팬 높이보다 1cm 정도 낮게 오는 시점까지 발효)
굽기	❶ 윗불 190℃, 아랫불 190~200℃ 오븐에서 35~40분 정도 굽는다.

✅ 제조공정 평가항목

	세부항목
1	• 재료 계량
2	• 정해진 제법의 혼합 순서
3	• 반죽상태와 반죽온도
4	• 1차 발효관리, 발효상태
5	• 반죽 분할 시간, 숙련도
6	• 둥글리기
7	• 중간발효
8	• 정형 숙련도, 정형상태
9	• 팬 넣기, 2차 발효 관리, 발효상태
10	• 제품 굽기, 구운 상태
11	• 개인위생 및 청소 상태
12	• 완성 제품 평가

✅ 제품평가기준

세부항목	내용
부피	• 반죽의 부풀림이 작거나 많아 모서리에 틈이 생기거나 윗면 조직이 조밀하지 않아야 한다.
균형	• 모양이 찌그러지지 않고 균일하며 균형이 잡혀 있어야 한다.
껍질	• 부위별로 고른 황금갈색이 나며 반점과 줄무늬가 없어야 한다.
속결	• 기공과 조직의 크기가 고르고 밝은 색을 띠어야 한다.
맛과 향	• 부드러운 맛과 은은한 향이 나야 하며 탄 냄새, 생 재료 맛이 없어야 한다.

Tip

• 2차 발효가 부족하면 굽기 후 둥근 모서리가 형성되고 발효가 지나치면 조밀한 윗면 조직을 형성하므로 주의한다.

• 일반 식빵보다 5~10분 정도 더 구워야 주저앉지 않고 부위별로 고른 색을 낼 수 있다.

버터톱 식빵
Butter Top Bread
시험시간 3시간 30분

⭐ 버터의 사용량이 많아 부드러운 제품으로 버터의 향과 맛이 풍부한 식빵이다.

✅ 요구사항

※ 버터톱 식빵을 제조하여 제출하시오.

❶ 배합표의 각 재료를 계량하여 재료별로 진열하시오(9분).

• 재료계량(재료당 1분) → [감독위원 계량확인] → 작품제조 및 정리정돈(전체시험시간-재료계량시간)

• 재료계량 시간 내에 계량을 완료하지 못하여 시간이 초과된 경우 및 계량을 잘못한 경우는 추가의 시간 부여 없이 작품제조 및 정리정돈 시간을 활용하여 요구사항의 무게대로 계량

• 달걀의 계량은 감독위원이 지정하는 개수로 계량

❷ 반죽은 스트레이트법으로 만드시오.(단, 유지는 클린업 단계에 첨가하시오.)

❸ 반죽온도는 27℃를 표준으로 하시오.

❹ 분할무게 460g짜리 5개를 만드시오(한 덩이 : one loaf).

❺ 윗면을 길이로 자르고 버터를 짜 넣는 형태로 만드시오.

❻ 반죽은 전량을 사용하여 성형하시오.

✅ 반 죽 법 : 스트레이트법(반죽온도 27℃)

✅ 생 산 량 : 460g × 1개 → 완제품 5개 생산

✅ 형   태 : 한 덩이 : one loaf

✅ 배합표

재료명	비율(%)	무게(g)
강력분	100	1,200
물	40	480
생이스트	4	48
제빵개량제	1	12
소금	1.8	21.6(22)
설탕	6	72
버터	20	240
달걀	20	240
탈지분유	3	36
계	195.8	2,349.6(2,350)

※바르기용 유지는 계량시간에서 제외

바르기용 유지(버터)	5	60

✅ 준비물

• 스텐볼	• 비닐	• 밀대
• 주걱	• 스크레이퍼	• 커터 갈
• 온도계	• 식빵 틀(소형)	• 위생지

✅ 제조공정

반죽	❶ 재료를 지정한 용기에 계량하여 무게를 측정하고 재료별로 진열한다. ❷ 전 재료를 제시한 9분 내에 손실과 오차 없이 정확히 계량한다.
반죽	❶ 버터를 제외한 재료를 모두 넣고 믹싱한다. ❷ 클린업 단계가 되면 버터를 넣고 최종단계까지 믹싱한다. ❸ 반죽온도 27℃가 되도록 한다.
1차 발효	❶ 온도 27℃, 습도 75~80% 발효실에서 50~60분 발효시킨다.
분할	❶ 460g씩 5개 분할한 후 둥글리기한다.
중간발효	❶ 반죽을 비닐로 덮은 후 10~15분 중간발효시킨다.
성형	❶ 작업대 바닥에 덧가루를 살짝 뿌리고 반죽을 밀대로 밀어 가스를 빼준다. ❷ 반죽을 일정한 두께로 밀어 편 후 좌우대칭이 되도록 둥글게 만다. ❸ 이음매를 잘 봉한다.
패닝	❶ 식빵 팬에 성형된 반죽의 이음매를 아래쪽으로 하여 넣고 손등으로 가볍게 눌러 평평하게 해준다.
2차 발효	❶ 온도 35~38℃, 습도 85~90% 발효실에서 30~40분 발효시킨다.(식빵 팬 높이보다 1cm 정도 낮게 오는 시점까지 발효)
토핑	❶ 2차 발효가 끝난 반죽을 살짝 건조시킨 후 윗면 가운데를 길이로 자른다. ❷ 버터를 부드럽게 풀어준 후 짤주머니에 담아 칼집 낸 부분에 얇게 짜준다.
굽기	❶ 윗불 170℃, 아랫불 190℃ 오븐에서 35~40분 정도 굽는다.

✅ 제조공정 평가항목

	세부항목
1	• 재료 계량
2	• 정해진 제법의 혼합 순서
3	• 반죽상태와 반죽온도
4	• 1차 발효관리, 발효상태
5	• 반죽 분할 시간, 숙련도
6	• 둥글리기, 중간발효
7	• 밀어 펴기, 정형상태
8	• 팬 넣기, 2차 발효 관리, 발효상태
9	• 윗면 가르기, 버터 짜기
10	• 제품 굽기, 구운 상태
11	• 개인위생 및 청소 상태
12	• 완성 제품 평가

✅ 제품평가기준

세부항목	내용
부피	• 분할무게와 비교해 부피가 알맞고 균일해야 한다.
균형	• 모양이 찌그러지지 않고 윗면의 터짐이 균일하며 균형이 잡혀 있어야 한다.
껍질	• 윗면에 짠 버터의 양이 일정하며 부위별로 고른 황금갈색이 나며 반점과 줄무늬가 없어야 한다.
속결	• 기공과 조직의 크기가 고르고 밝은 색을 띠어야 한다.
맛과 향	• 버터 향과 발효향이 조화를 이루며 탄 냄새, 생 재료 맛이 없어야 한다.

Tip

• 반죽의 표면을 건조시킨 후 칼집을 넣어야 한 번에 깨끗하게 잘린다.

• 윗면의 터짐을 좋게 하려면 부드러운 버터로 일정한 두께로 짜도록 한다.

• 성형할 때 너무 얇게 밀지 않도록 주의한다.

밤식빵
Chestnut Pan Bread
시험시간 3시간 40분

❂ 밤을 첨가한 부드러운 식빵으로 바삭바삭한 토핑과 쫄깃한 빵 사이의 밤이 골고루 어우러져 고소하고 담백하다.

✅ 요구사항

※ 밤식빵을 제조하여 제출하시오.

❶ 반죽 재료를 계량하여 재료별로 진열하시오(10분).

- 재료계량(재료당 1분) → [감독위원 계량확인] → 작품제조 및 정리정돈(전체시험시간−재료계량시간)
- 재료계량 시간 내에 계량을 완료하지 못하여 시간이 초과된 경우 및 계량을 잘못한 경우는 추가의 시간 부여 없이 작품제조 및 정리정돈 시간을 활용하여 요구사항의 무게대로 계량
- 달걀의 계량은 감독위원이 지정하는 개수로 계량

❷ 반죽은 스트레이트법으로 제조하시오.

❸ 반죽온도는 27℃를 표준으로 하시오.

❹ 분할무게는 450g으로 하고, 성형 시 450g의 반죽에 80g의 통조림 밤을 넣고 정형하시오(한덩이 : one loaf).

❺ 토핑물을 제조하여 굽기 전에 토핑하고 아몬드를 뿌리시오.

❻ 반죽은 전량을 사용하여 성형하시오.

- ✅ 반 죽 법 : 스트레이트법(반죽온도 27℃)
- ✅ 생 산 량 : 450g × 5개
- ✅ 형 태 : 한 덩이 : one loaf

✅ 배합표

– 반죽

재료명	비율(%)	무게(g)
강력분	80	960
중력분	20	240
물	52	624
이스트	4.5	54
제빵개량제	1	12
소금	2	24
설탕	12	144
버터	8	96
달걀	10	120
탈지분유	3	36
계	192.5	2,310

– 토핑(충전용 · 토핑 재료는 계량시간에서 제외)

재료명	비율(%)	무게(g)
마가린	100	100
설탕	60	60
베이킹파우더	2	2
달걀	60	60
중력분	100	100
아몬드슬라이스	50	50
계	372	372

밤다이스(시럽 제외)	35	420

✅ 준비물

- 스텐볼
- 스크레이퍼
- 물결모양깍지
- 주걱
- 식빵 틀(소형)
- 짤주머니 혹은 위생지
- 온도계
- 밀대
- 거품기
- 비닐

재료 계량	❶ 재료를 지정한 용기에 계량하여 무게를 측정하고 재료별로 진열한다.
	❷ 전 재료를 제시한 10분 내에 손실과 오차 없이 정확히 계량한다.
반죽	❶ 버터와 밤을 제외한 재료를 모두 넣고 믹싱한다.
	❷ 클린업 단계가 되면 버터를 넣고 최종단계까지 믹싱한다.
	❸ 믹싱 마지막 단계에 밤을 넣어 섞어준다.
	❹ 반죽온도 27℃가 되도록 한다.
1차 발효	❶ 온도 27℃, 습도 75~80% 발효실에서 50~60분 발효시킨다.
분할	❶ 450g씩 5개 분할한 후 둥글리기한다.
중간발효	❶ 반죽을 비닐로 덮은 후 10~15분 중간발효시킨다.
성형	❶ 작업대 바닥에 덧가루를 살짝 뿌리고 반죽을 밀대로 30cm 정도로 늘려 편다.
	❷ 반죽 위에 80g의 밤을 골고루 뿌리고 타원형이 되도록 둥글게 만다.
	❸ 이음매를 잘 봉한다.
패닝	❶ 식빵 팬에 성형된 반죽의 이음매를 아래쪽으로 하여 넣고 손등으로 가볍게 눌러 평평하게 해준다.
2차 발효	❶ 온도 38℃, 습도 85~90% 발효실에서 30~40분 발효시킨다(식빵 팬 높이보다 1cm 정도 낮게 오는 시점까지 발효)
토핑	❶ 2차 발효가 완료된 반죽 위에 토핑반죽을 세로로 길게 세 줄 정도 짠다.
	❷ 토핑물 위에 아몬드슬라이스를 골고루 뿌린다.
굽기	❶ 윗불 160~170℃, 아랫불 190℃ 오븐에서 30~35분 정도 굽는다.
토핑 만들기	❶ 마가린을 넣고 거품기를 이용하여 부드럽게 풀어준 후 설탕을 넣어 섞는다.
	❷ 달걀을 조금씩 투입하며 크림상태를 만든다.
	❸ 체질한 중력분과 베이킹파우더를 넣고 가볍게 섞는다.
	❹ 짤주머니에 물결무늬깍지를 끼운 후 토핑물을 채운다.

✅ 제조공정 평가항목

	세부항목
1	• 재료 계량
2	• 정해진 제법의 혼합 순서
3	• 반죽상태와 반죽온도
4	• 1차 발효관리, 발효상태
5	• 반죽 분할 시간, 숙련도
6	• 둥글리기, 중간발효
7	• 밀어 펴기, 성형하기
8	• 팬 넣기, 2차 발효 관리, 발효상태
9	• 토핑물 제조, 토핑하기
10	• 제품 굽기, 구운 상태
11	• 개인위생 및 청소 상태
12	• 완성 제품 평가

✅ 제품평가기준

세부항목	내용
부피	• 분할무게와 비교해 부피가 알맞고 균일해야 한다.
균형	• 모양이 찌그러지지 않고 균형 잡힌 대칭을 이루며 토핑물의 두께가 일정해야 한다.
껍질	• 부위별로 고른 황금갈색이 띠며 반점과 줄무늬가 없어야 한다.
속결	• 기공과 조직의 크기가 고르고 부드러우며 밤이 고르게 펴져 있어야 한다.
맛과 향	• 밤 특유의 향과 맛이 발효 향과 조화를 이루며 탄 냄새, 생 재료 맛이 없어야 한다.

Tip

• 밤은 물로 씻어 물기를 제거한 후 사용해야 잘 익는다.
• 토핑물을 짤 때 가운데를 중심으로 간격을 맞춰 3줄, 전체 길이의 3/4 정도만 짜준다.

호밀빵
Rye Bread
시험시간 3시간 30분

❂ 강력분에 호밀가루 10~30%를 사용해서 만든 빵으로 주로 독일에서 많이 만들기 때문에 '독일빵' 이라고도 불린다.

※ 호밀빵을 제조하여 제출하시오.

❶ 배합표의 각 재료를 계량하여 재료별로 진열하시오(10분).

• 재료계량(재료당 1분) → [감독위원 계량확인] → 작품제조 및 정리정돈(전체시험시간−재료계량시간)

• 재료계량 시간 내에 계량을 완료하지 못하여 시간이 초과된 경우 및 계량을 잘못한 경우는 추가의 시간 부여 없이 작품제조 및 정리정돈 시간을 활용하여 요구사항의 무게대로 계량

• 달걀의 계량은 감독위원이 지정하는 개수로 계량

❷ 반죽은 스트레이트법으로 제조하시오.

❸ 반죽온도는 25℃를 표준으로 하시오.

❹ 표준분할무게는 330g으로 하시오.

❺ 제품의 형태는 타원형(럭비공 모양)으로 제조하고, 칼집모양을 가운데 일자로 내시오.

❻ 반죽은 전량을 사용하여 성형하시오.

✅ 반 죽 법 : 스트레이트법(반죽온도 25℃)

✅ 생 산 량 : 330g × 6개

✅ 형   태 : 타원형(럭비공 모양)

✅ 배합표

재료명	비율(%)	무게(g)
강력분	70	770
물	60~65	660~715
호밀가루	30	330
이스트	3	33
제빵개량제	1	11(12)
소금	2	22
황설탕	3	33(34)
탈지분유	2	22
쇼트닝	5	55(56)
몰트액	2	22
계	178~183	1,958~2,016

✅ 준비물

• 스텐볼	• 비닐	• 밀대
• 주걱	• 스크레이퍼	• 커터 칼
• 온도계	• 평철판	

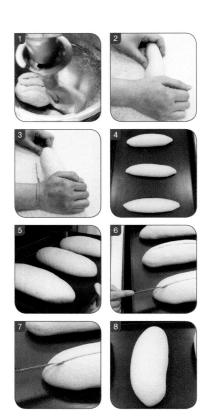

✅ 제조공정

재료 계량	❶ 재료를 지정한 용기에 계량하여 무게를 측정하고 재료별로 진열한다. ❷ 전 재료를 제시한 10분 내에 손실과 오차 없이 정확히 계량한다.
반죽	❶ 쇼트닝을 제외한 재료를 모두 넣고 믹싱한다. ❷ 클린업 단계가 되면 쇼트닝을 넣고 보통 빵 반죽에 80%까지 믹싱한다. ❸ 반죽온도 25℃가 되도록 한다.
1차 발효	❶ 온도 27℃, 습도 75~80% 발효실에서 50~60분 발효시킨다.
분할	❶ 330g씩 6개 분할한 후 둥글리기한다.
중간발효	❶ 반죽을 비닐로 덮은 후 15~20분 중간발효시킨다.
성형	❶ 작업대 바닥에 덧가루를 살짝 뿌리고 반죽을 밀대로 밀어 가스를 빼준다. ❷ 반죽을 일정한 두께로 밀어 편 후 타원형이 되도록 둥글게 만다. ❸ 이음매를 잘 봉한다.
패닝	❶ 철판에 성형된 반죽의 이음매를 아래쪽으로 하여 간격을 맞춰 3개씩 놓는다.
2차 발효	❶ 온도 38℃, 습도 85~90% 발효실에서 30~40분 발효시킨다.(오븐 팽창률이 작으므로 완제품의 75~80%까지 충분히 발효시킨다.)
칼집내기	❶ 반죽 윗면 가운데 부분에 일자로 길게 칼집을 낸다.
굽기	❶ 윗불 190℃, 아랫불 160℃ 오븐에서 20~25분 정도 굽는다.

✅ 제조공정 평가항목

	세부항목
1	• 재료 계량
2	• 정해진 제법의 혼합 순서
3	• 반죽상태와 반죽온도
4	• 1차 발효관리, 발효상태
5	• 반죽 분할 시간, 숙련도
6	• 둥글리기
7	• 중간발효
8	• 정형 숙련도, 정형상태
9	• 팬 넣기, 2차 발효관리, 발효상태
10	• 제품 굽기, 구운 상태
11	• 개인위생 및 청소 상태
12	• 완성 제품 평가

✅ 제품평가기준

세부항목	내용
부피	• 분할무게와 비교해 부피가 알맞고 균일해야 한다.
균형	• 모양이 찌그러지지 않고 균형 잡힌 대칭을 이루어야 한다.
껍질	• 색깔이 고르고 반점과 줄무늬가 없어야 한다.
속결	• 호밀가루의 색이 전체적으로 고르게 나며 기공과 조직이 너무 조밀하지 않아야 한다.
맛과 향	• 씹는 맛이 끈적거리지 않고 호밀가루 특유의 향과 발효향이 잘 어우러져야 한다.

Tip

- 호밀가루는 글루텐의 함량이 적어 일반 식빵에 비해 믹싱 시간을 짧게 한다.
- 껍질색을 균일하게 내기 위해 황설탕과 물엿은 사용할 물에 녹여 혼합하는 것이 좋다.
- 반죽표면이 터지지 않게 굽기 전 스프레이로 살짝 물을 뿌린 후 굽는다.

단팥빵 비상스트레이트법

Red Bean Bread

시험시간 3시간

✪ 반죽에 팥앙금을 넣어 만든 빵으로 평평하고 둥근 원형 모양의 팥앙금 빵이라고도 한다.

✅ 요구사항

※ **단팥빵(비상스트레이트법)을 제조하여 제출하시오.**

❶ 배합표의 각 재료를 계량하여 재료별로 진열하시오(9분).

- 재료계량(재료당 1분) → [감독위원 계량확인] → 작품제조 및 정리정돈(전체시험시간−재료계량시간)
- 재료계량 시간 내에 계량을 완료하지 못하여 시간이 초과된 경우 및 계량을 잘못한 경우는 추가의 시간 부여 없이 작품제조 및 정리정돈 시간을 활용하여 요구사항의 무게대로 계량
- 달걀의 계량은 감독위원이 지정하는 개수로 계량

❷ 반죽은 비상스트레이트법으로 제조하시오. (단, 유지는 클린업 단계에 첨가하고, 반죽온도는 30℃로 한다.)

❸ 반죽 1개의 분할무게는 50g, 팥앙금 무게는 40g으로 제조하시오.

❹ 반죽은 전량을 사용하여 성형하시오.

- ✅ 반 죽 법 : 비상스트레이트법(반죽온도 30℃)
- ✅ 생 산 량 : 50g × 45개
- ✅ 형 태 : 둥근 모양

✅ 배합표

재료명	비상스트레이트법	
	비율(%)	비율(%)
강력분	100	900
물	48	432
이스트	7	63(64)
제빵개량제	1	9(8)
소금	2	18
설탕	16	144
마가린	12	108
달걀	15	135(136)
탈지분유	3	27(28)
계	204	1,838(1,838)

– 충전용 · 토핑 재료는 계량시간에서 제외

통팥앙금	–	1,440

✅ 준비물

- 스텐볼
- 비닐
- 평철판
- 주걱
- 스크레이퍼
- 앙금주걱
- 온도계

✔ 제조공정

재료 계량	❶ 재료를 지정한 용기에 계량하여 무게를 측정하고 재료별로 진열한다. ❷ 전 재료를 제시한 9분 내에 손실과 오차 없이 정확히 계량한다.
반죽	❶ 마가린을 제외한 재료를 모두 넣고 믹싱한다. ❷ 클린업 단계가 되면 마가린을 넣고 일반 빵 반죽보다 20～25% 정도 더 오래 최종단계 후기까지 믹싱한다. ❸ 반죽온도 30℃가 되도록 한다.
1차 발효	❶ 온도 30℃, 습도 75～80% 발효실에서 15～30분 발효시킨다.
분할	❶ 50g씩 분할한 후 둥글리기한다.
중간발효	❶ 반죽을 비닐로 덮은 후 10～15분 중간발효시킨다.
성형	❶ 반죽을 손으로 눌러 가스를 빼고 납작하게 만든다. ❷ 반죽에 팥앙금 40g을 중앙에 넣고 앙금이 보이지 않도록 싼다. ❸ 이음매를 잘 봉한다.
패닝	❶ 철판에 성형된 반죽의 이음매를 아래쪽으로 하여 간격을 맞춰 10～12개씩 놓는다. ❷ 둥근 형태로 만들거나 도구를 이용하여 가운데 구멍을 내는 형태로 만든다.
2차 발효	❶ 온도 38℃, 습도 85～90% 발효실에서 30～35분 발효시킨다.
굽기	❶ 윗불 190～200℃, 아랫불 160℃ 오븐에서 12～15분 정도 굽는다.

✅ 제조공정 평가항목

	세부항목
1	• 재료 계량
2	• 정해진 제법의 혼합 순서
3	• 반죽상태와 반죽온도
4	• 1차 발효관리, 발효상태
5	• 반죽 분할 시간, 숙련도
6	• 둥글리기
7	• 중간발효
8	• 정형 숙련도, 정형상태
9	• 팬 넣기, 2차 발효관리, 발효상태
10	• 제품 굽기, 구운 상태
11	• 개인위생 및 청소 상태
12	• 완성 제품 평가

✅ 제품평가기준

세부항목	내용
부피	• 분할무게와 비교해 부피가 알맞고 균일해야 한다.
균형	• 모양이 찌그러지지 않고 둥근 모양으로 균형 잡힌 대칭을 이루어야 한다.
껍질	• 너무 두껍지 않고 색깔이 고르며 팥 앙금이 외부로 비치지 않아야 한다.
속결	• 팥 앙금이 반죽의 중앙에 위치하고 기공과 조직이 일정해야 한다.
맛과 향	• 끈적거림이 없고 팥 앙금과 빵의 풍미가 잘 어울리며 탄 냄새, 생 재료 맛이 없어야 한다.

Tip

• 비상법의 필수 조건을 잘 지켜야 정확한 제품을 만들 수 있다.(물 – 1% 감소, 설탕 – 1% 줄임, 이스트 – 2배 증가, 반죽시간 – 20~25% 증가, 반죽온도 – 30℃, 1차 발효시간 15~30분 감소)

• 1차 발효는 어린 반죽상태까지만 발효시킨다.

• 성형 시 반죽 윗면에 앙금이 비치지 않도록 주의한다.

단과자빵(소보로빵)
Sweet Dough Bread-Streusel
시험시간 3시간 30분

✪ 일본에서 발달된 빵으로 어원은 독일어 Streusel(슈트로이젤)을 일본에서 soboro라 하였으며 소보로 형태의 과자를 토핑물로 얹은 제품이다.

✅ 요구사항

※ 단과자빵(소보로빵)을 제조하여 제출하시오.

❶ 빵반죽 재료를 계량하여 재료별로 진열하시오(9분).

• 재료계량(재료당 1분) → [감독위원 계량확인] → 작품제조 및 정리정돈(전체시험시간-재료계량시간)

• 재료계량 시간 내에 계량을 완료하지 못하여 시간이 초과된 경우 및 계량을 잘못한 경우는 추가의 시간 부여 없이 작품제조 및 정리정돈 시간을 활용하여 요구사항의 무게대로 계량

• 달걀의 계량은 감독위원이 지정하는 개수로 계량

❷ 반죽은 스트레이트법으로 제조하시오(단, 유지는 클린업 단계에 첨가하시오).

❸ 반죽온도는 27℃를 표준으로 하시오.

❹ 반죽 1개의 분할무게는 50g씩, 1개당 소보로 사용량은 약 30g 정도로 제조하시오.

❺ 토핑용 소보로는 배합표에 따라 직접 제조하여 사용하시오.

❻ 반죽을 25개를 성형하여 제조하고 남은 반죽은 감독위원의 지시에 따라 별도로 제출하시오.

✅ 반 죽 법 : 스트레이트법(반죽온도 27℃)

✅ 생 산 량 : 50g × 40개 → 25개 제조하여 제출(남은 반죽 따로 제출)

✅ 형   태 : 둥근 모양

✅ 배합표

– 빵반죽

재료명	비율(%)	무게(g)
강력분	100	900
물	47	423(422)
이스트	4	36
제빵개량제	1	9(8)
소금	2	18
설탕	16	144
마가린	18	162
달걀	15	135(136)
탈지분유	2	18
계	205	1,845(1,844)

– 토핑용 소보로(토핑 재료는 계량시간에서 제외)

재료명	비율(%)	무게(g)
중력분	100	300
땅콩버터	15	45(46)
물엿	10	30
베이킹파우더	2	6
소금	1	3
설탕	60	180
마가린	50	150
달걀	10	30
탈지분유	3	9(10)
계	251	753

✅ 준비물

• 스텐볼   • 비닐   • 평철판
• 주걱   • 스크레이퍼   • 거품기
• 온도계

✔ 제조공정

재료 계량	❶ 재료를 지정한 용기에 계량하여 무게를 측정하고 재료별로 진열한다. ❷ 전 재료를 제시한 9분 내에 손실과 오차 없이 정확히 계량한다.
반죽	❶ 마가린을 제외한 재료를 모두 넣고 믹싱한다. ❷ 클린업 단계가 되면 마가린을 넣고 최종단계까지 믹싱한다. ❸ 반죽온도 27℃가 되도록 한다.
1차 발효	❶ 온도 27℃, 습도 75~80% 발효실에서 60~70분 발효시킨다.
분할	❶ 50g씩 분할한 후 둥글리기한다.
중간발효	❶ 반죽을 비닐로 덮은 후 10~15분 중간발효시킨다.
성형	❶ 반죽을 다시 둥글리기를 하여 가스를 빼고 둥근 모양으로 만든다. ❷ 윗면에 살짝 물칠을 하고 소보로 토핑물 30g 정도를 손으로 눌러 묻혀준다.
패닝	❶ 철판에 성형된 반죽의 이음매를 아래쪽으로 하여 간격을 맞춰 12개씩 두 철판에 패닝한다. ❷ 남은 반죽은 별도로 제출한다.
2차 발효	❶ 온도 35~40℃, 습도 85~90% 발효실에서 30~40분 발효시킨다.
토핑	❶ 2차 발효가 완료된 반죽 위에 토핑반죽을 세로로 길게 세 줄 정도 짠다. ❷ 토핑물 위에 아몬드 슬라이스를 골고루 뿌린다.
굽기	❶ 윗불 190℃, 아랫불 160℃ 오븐에서 10~15분 정도 굽는다.
토핑 만들기	❶ 마가린과 땅콩버터를 부드럽게 풀어준 후 설탕, 소금, 물엿을 넣고 충분히 섞는다. ❷ 달걀을 나누어 조금씩 넣으며 부드러운 크림상태를 만든다. ❸ 체질한 중력분, 분유, 베이킹파우더를 넣어 보슬보슬한 상태로 섞는다.

✓ 제조공정 평가항목

세부항목	
1	• 재료 계량
2	• 정해진 제법의 혼합 순서
3	• 반죽상태와 반죽온도
4	• 1차 발효관리
5	• 토핑물 제조
6	• 반죽 분할 시간, 숙련도
7	• 둥글리기, 중간발효
8	• 정형 숙련도, 정형상태
9	• 팬 넣기, 2차 발효관리, 발효상태
10	• 제품 굽기, 구운 상태
11	• 개인위생 및 청소 상태
12	• 완성 제품 평가

✓ 제품평가기준

세부항목	내용
부피	• 분할무게와 비교해 부피가 알맞고 균일해야 한다.
균형	• 부풀림이 적당하고 균형이 알맞아야 한다.
껍질	• 토핑물이 제품 전체에 두껍지 않게 골고루 묻어야 하며 밝은 갈색을 띠어야 한다.
속결	• 조직이 부드럽고 기공이 조밀하지 않으며 밝고 연한 노란색을 띠어야 한다.
맛과 향	• 토핑물의 맛과 빵의 향이 잘 어울려야 한다.

Tip

• 소보로 제조 시 크림화를 적게 하여 반죽이 질어지지 않도록 주의한다.
• 소보로는 전체적으로 일정한 두께로 묻혀야 찌그러짐 없이 균일한 모양을 낼 수 있다.

단과자빵(크림빵)
Sweet Dough Bread-Cream Buns
시험시간 3시간 30분

❂ 설탕, 유지, 달걀 등의 배합량이 높은 제품으로 커스터드 크림을 충전하여 굽거나 구워져 나온 제품에
충전물을 채워 만드는 반달모양의 제품이다.

✅ 요구사항

※ 단과자빵(크림빵)을 제조하여 제출하시오.

❶ 배합표의 각 재료를 계량하여 재료별로 진열하시오(9분).

• 재료계량(재료당 1분) → [감독위원 계량확인] → 작품제조 및 정리정돈(전체시험시간-재료계량시간)

• 재료계량 시간 내에 계량을 완료하지 못하여 시간이 초과된 경우 및 계량을 잘못한 경우는 추가의 시간 부여 없이 작품제조 및 정리정돈 시간을 활용하여 요구사항의 무게대로 계량

• 달걀의 계량은 감독위원이 지정하는 개수로 계량

❷ 반죽은 스트레이트법으로 제조하시오. (단, 유지는 클린업 단계에 첨가하시오.)

❸ 반죽온도는 27℃를 표준으로 하시오.

❹ 반죽 1개의 분할무게는 45g, 1개당 크림 사용량은 30g으로 제조하시오.

❺ 제품 중 12개는 크림을 넣은 후 굽고 12개는 반달형으로 크림을 충전하지 않고 제조하시오.

❻ 남은 안쪽은 감독위원의 지시에 따라 별도로 제출하시오.

✅ 반 죽 법 : 스트레이트법(반죽온도 27℃)

✅ 생 산 량 : 45g × 35개(12개 크림 넣고 굽기, 12개 크림 넣지 말기)

✅ 형   태 : 반달형

✅ 배합표

재료명	비율(%)	무게(g)
강력분	100	800
물	53	424
이스트	4	32
제빵개량제	2	16
소금	2	16
설탕	16	128
쇼트닝	12	96
달걀	10	80
분유	2	16
계	201	1,608

※충전용 재료는 계량시간에서 제외

충전용 크림 (커스터드 크림)	1개당 30g	360

✅ 준비물

• 스텐볼	• 비닐	• 밀대
• 주걱	• 스크레이퍼	• 앙금주걱
• 온도계	• 평철판	• 붓

✅ 제조공정

재료 계량	❶ 재료를 지정한 용기에 계량하여 무게를 측정하고 재료별로 진열한다. ❷ 전 재료를 제시한 9분 내에 손실과 오차 없이 정확히 계량한다.
반죽	❶ 쇼트닝을 제외한 재료를 모두 넣고 믹싱한다. ❷ 클린업 단계가 되면 쇼트닝을 넣고 최종단계까지 믹싱한다. ❸ 반죽온도 27℃가 되도록 한다.
1차 발효	❶ 온도 27℃, 습도 75~80% 발효실에서 60~70분 발효시킨다.
분할	❶ 45g씩 분할한 후 둥글리기한다.
중간발효	❶ 반죽을 비닐로 덮은 후 10~15분 중간발효시킨다.
성형	▶ 충전하지 않는 반죽 - 반달형 ❶ 반죽을 밀대로 밀어 폭 7~8cm, 길이 15cm 정도의 길쭉한 타원형으로 만든다. ❷ 밀어 편 반죽을 3~4개씩 겹쳐 놓고 겹쳐진 면에 붓으로 식용유를 발라준다. ❸ 식용유가 발라진 반죽을 윗부분이 0.2~0.3cm 정도 길게 나오도록 접는다. ▶ 충전용 반죽 ❶ 반죽을 밀대로 밀어 폭 7~8cm, 길이 15cm 정도의 길쭉한 타원형으로 만든다. ❷ 밀어 편 반죽에 커스터드 크림 30g을 중앙에 오도록 넣고 반으로 접는다. ❸ 접혀진 가장자리 부분을 살짝 누르고 스크레이퍼로 손바닥 모양이 나도록 4~5군데를 자른다.
패닝	❶ 철판에 성형된 반죽의 이음매를 아래쪽으로 하여 간격을 맞춰 12개씩 두 팬에 패닝한다. ❷ 남은 반죽은 별도로 제출한다.
2차 발효	❶ 온도 35~40℃, 습도 85~90% 발효실에서 30~35분 발효시킨다.
굽기	❶ 윗불 190~200℃, 아랫불 160℃ 오븐에서 12~15분 정도 굽는다.
충전물 채우기	❶ 충전하지 않은 제품은 냉각 후 접힌 부분을 벌려 커스터드 크림 30g을 넣고 접어 완성한다.

✅ 제조공정 평가항목

	세부항목
1	• 재료 계량
2	• 정해진 제법의 혼합 순서
3	• 반죽상태와 반죽온도
4	• 1차 발효관리, 발효상태
5	• 반죽 분할 시간, 숙련도
6	• 둥글리기
7	• 중간발효
8	• 정형 숙련도, 정형상태
9	• 팬 넣기, 2차 발효관리, 발효상태
10	• 제품 굽기, 구운 상태
11	• 개인위생 및 청소 상태
12	• 완성 제품 평가

✅ 제품평가기준

세부항목	내용
부피	• 부피가 알맞고 반달모양이 대칭을 이루어 균일해야 한다.
균형	• 모양이 찌그러지지 않고 반달모양으로 균형 잡힌 대칭을 이루어야 한다.
껍질	• 너무 질기거나 두껍지 않고 색깔이 고르게 띠어야 한다.
속결	• 커스터드 크림이 반죽의 중앙에 위치하며 가장자리로 흐르지 않아야 한다.
맛과 향	• 부드럽고 크림과 빵의 풍미가 잘 어우러져야 한다.

Tip

• 크림 충전 시 크림이 새어 나오지 않도록 가운데 부분에 잘 넣는다.

• 대칭이 잘 맞는 반달 모양이 되도록 한다.

• 반죽이 잘 늘어나고 성형 후 수축되지 않도록 2번에 나눠 밀어준다.

단과자빵(트위스트형)
Sweet Dough Bread-Twist Bread
시험시간 3시간 30분

❂ 설탕, 유지, 달걀 등의 배합량이 높은 제품으로 반죽의 형태를 여러 모양으로 꼬아서 만드는 단과자 빵이다.

✅ 요구사항

※ 단과자빵(트위스트형)을 제조하여 제출하시오.

❶ 배합표의 각 재료를 계량하여 재료별로 진열하시오(9분).

• 재료계량(재료당 1분) → [감독위원 계량확인] → 작품제조 및 정리정돈(전체시험시간−재료계량시간)

• 재료계량 시간 내에 계량을 완료하지 못하여 시간이 초과된 경우 및 계량을 잘못한 경우는 추가의 시간 부여 없이 작품제조 및 정리정돈 시간을 활용하여 요구사항의 무게대로 계량

• 달걀의 계량은 감독위원이 지정하는 개수로 계량

❷ 반죽은 스트레이트법으로 제조하시오(단, 유지는 클린업 단계에 첨가하시오).

❸ 반죽온도는 27℃를 표준으로 하시오.

❹ 반죽분할 무게는 50g이 되도록 하시오.

❺ 모양은 8자형, 달팽이형 2가지 모양으로 만드시오.

❻ 완제품 24개를 성형하여 제출하고 남은 반죽은 감독위원의 지시에 따라 별도로 제출하시오.

✅ 반 죽 법 : 스트레이트법(반죽온도 27℃)

✅ 생 산 량 : 50g × 35개 → 24개 제조하여 제출(남은 반죽 따로 제출)

✅ 형   태 : 8자형, 달팽이형

✅ 배합표

재료명	비율(%)	무게(g)
강력분	100	900
물	47	422
이스트	4	36
제빵개량제	1	8
소금	2	18
설탕	12	108
쇼트닝	10	90
달걀	20	180
분유	3	26
계	199	1,788

✅ 준비물

• 스텐볼   • 비닐   • 평철판
• 주걱   • 스크레이퍼 • 붓
• 온도계

✅ 제조공정

재료 계량	❶ 재료를 지정한 용기에 계량하여 무게를 측정하고 재료별로 진열한다. ❷ 전 재료를 제시한 9분 내에 손실과 오차 없이 정확히 계량한다.
반죽	❶ 쇼트닝을 제외한 재료를 모두 넣고 믹싱한다. ❷ 클린업 단계가 되면 쇼트닝을 넣고 최종단계까지 믹싱한다. ❸ 반죽온도 27℃가 되도록 한다.
1차 발효	❶ 온도 27℃, 습도 75~80% 발효실에서 60~70분 발효시킨다.
분할	❶ 50g씩 분할한 후 둥글리기한다.
중간발효	❶ 반죽을 비닐로 덮은 후 10~15분 중간발효시킨다.
성형	❶ 8자 모양은 반죽을 25cm 정도의 길이로 균일하게 늘린 후 8자형으로 꼰다. ❷ 달팽이형은 반죽을 35cm 정도의 길이로 균일하게 늘린 후 늘린 반죽의 한쪽을 바닥에 대고 같은 방향으로 돌려 감아 마지막 부분은 반죽 아래쪽으로 붙여놓는다.
패닝	❶ 철판에 성형된 반죽의 이음매를 아래쪽으로 하여 간격을 맞춰 12개씩 두 팬에 패닝한다. ❷ 남은 반죽은 별도로 제출한다.
2차 발효	❶ 온도 35~40℃, 습도 85~90% 발효실에서 30~35분 발효시킨다.
굽기	❶ 윗불 190~200℃, 아랫불 160℃ 오븐에서 12~15분 정도 굽는다.

✅ 제조공정 평가항목

	세부항목
1	• 재료 계량
2	• 정해진 제법의 혼합 순서
3	• 반죽상태와 반죽온도
4	• 1차 발효관리, 발효상태
5	• 반죽 분할 시간, 숙련도
6	• 둥글리기
7	• 중간발효
8	• 정형 숙련도, 정형상태
9	• 팬 넣기, 2차 발효관리, 발효상태
10	• 제품 굽기, 구운 상태
11	• 개인위생 및 청소 상태
12	• 완성 제품 평가

✅ 제품평가기준

세부항목	내용
부피	• 분할무게와 비교해 부피가 알맞고 균일해야 한다.
균형	• 형태별로 모양과 크기가 일정하고 균형 잡힌 대칭을 이루어야 한다.
껍질	• 부드럽고 각 부위마다 색깔이 고르며 반점과 줄무늬가 없어야 한다.
속결	• 부드럽고 밝고 여린 미색을 띠며 기공과 조직이 일정해야 한다.
맛과 향	• 부드러운 맛과 은은한 발효향이 잘 어울려야 한다.

Tip

• 성형 모양이 일정하며 균형이 잘 맞아야 한다.

• 달팽이 모양으로 성형 시 밀어 편 양쪽 끝이 약간 얇아야 모양이 좋다.

• 성형 시 앞, 뒤 부분이 빠지지 않도록 여유 있게 빼준다.

버터롤
Butter Roll
시험시간 3시간 30분

★ 아침식사용 빵으로 버터를 다량 첨가한 부드러운 롤 제품이다 .

※ 버터롤을 제조하여 제출하시오.

❶ 배합표의 각 재료를 계량하여 재료별로 진열하시오(9분).

• 재료계량(재료당 1분) → [감독위원 계량확인] → 작품제조 및 정리정돈(전체시험시간−재료계량시간)

• 재료계량 시간 내에 계량을 완료하지 못하여 시간이 초과된 경우 및 계량을 잘못한 경우는 추가의 시간 부여 없이 작품제조 및 정리정돈 시간을 활용하여 요구사항의 무게대로 계량

• 달걀의 계량은 감독위원이 지정하는 개수로 계량

❷ 반죽은 스트레이트법으로 제조하시오.(단, 유지는 클린업 단계에 첨가하시오.)

❸ 반죽온도는 27℃를 표준으로 하시오.

❹ 반죽 1개의 분할무게는 50g으로 제조하시오.

❺ 제품의 형태는 번데기 모양으로 제조하시오.

❻ 24개를 성형하고 남은 반죽은 감독위원의 지시에 따라 제출하시오.

✅ 반 죽 법 : 스트레이트법(반죽온도 27℃)

✅ 생 산 량 : 50g × 35개 → 24개 제조하여 제출(남은 반죽 따로 제출)

✅ 형   태 : 번데기 모양

✅ 배합표

재료명	비율(%)	무게(g)
강력분	100	900
물	53	477(476)
이스트	4	36
제빵개량제	1	9(8)
소금	2	18
설탕	10	90
버터	15	135(134)
달걀	8	72
탈지분유	3	27(26)
계	196	1,764

✅ 준비물

• 스텐볼   • 비닐   • 평철판
• 주걱   • 스크레이퍼   • 밀대
• 온도계

✅ 제조공정

재료 계량	❶ 재료를 지정한 용기에 계량하여 무게를 측정하고 재료별로 진열한다. ❷ 전 재료를 제시한 9분 내에 손실과 오차 없이 정확히 계량한다.
반죽	❶ 버터를 제외한 재료를 모두 넣고 믹싱한다. ❷ 클린업 단계가 되면 버터를 넣고 최종단계까지 믹싱한다. ❸ 반죽온도 27℃가 되도록 한다.
1차 발효	❶ 온도 27℃, 습도 75~80% 발효실에서 60~70분 발효시킨다.
분할	❶ 50g씩 분할한 후 둥글리기한다.
중간발효	❶ 반죽을 비닐로 덮은 후 10~15분 중간발효시킨다.
성형	❶ 반죽의 한쪽은 뾰족하게 다른 한쪽은 둥글게 올챙이 모양으로 만든다. ❷ 밀대로 반죽을 밀어 길이 25~27cm, 폭 6~7cm 정도 긴 삼각형 모양으로 늘린다. ❸ 넓은 부분을 안쪽으로 말아 감는다. ❹ 3겹 정도 말린 번데기 모양으로 만든 후 끝부분을 당겨 아래쪽으로 붙인다.
패닝	❶ 철판에 성형된 반죽의 이음매를 아래쪽으로 하여 간격을 맞춰 12개씩 두 팬에 놓는다. ❷ 남은 반죽은 별도로 제출한다.
2차 발효	❶ 온도 35~40℃, 습도 85~90% 발효실에서 30~40분 발효시킨다.
굽기	❶ 윗불 190℃, 아랫불 160℃ 오븐에서 12~15분 정도 굽는다.

✅ 제조공정 평가항목

	세부항목
1	• 재료 계량
2	• 정해진 제법의 혼합 순서
3	• 반죽상태와 반죽온도
4	• 1차 발효관리, 발효상태
5	• 반죽 분할 시간, 숙련도
6	• 둥글리기
7	• 중간발효
8	• 정형 숙련도, 정형상태
9	• 팬 넣기, 2차 발효관리, 발효상태
10	• 제품 굽기, 구운 상태
11	• 개인위생 및 청소 상태
12	• 완성 제품 평가

✅ 제품평가기준

세부항목	내용
부피	• 분할무게와 비교해 부피가 알맞고 균일해야 한다.
균형	• 찌그러지지 않고 균일한 모양으로 균형 잡힌 대칭을 이루어야 한다.
껍질	• 부드럽고 색깔이 고르며 반점과 줄무늬가 없어야 한다.
속결	• 기공과 조직이 일정하고 부드러우며 밝은 색상을 띠어야 한다.
맛과 향	• 버터 향과 발효향이 잘 어우러지며 빵의 부드러움이 조화를 이루어야 한다.

Tip

• 반죽에 버터를 넣을 때 2~3차례 나눠 넣으면 탄력이 좋아져 좋은 기공과 부피를 얻을 수 있다.

• 번데기 모양으로 균형이 맞고 좌우 대칭이 되도록 주의해서 말아야 한다.

스위트롤
Sweet Roll
시험시간 3시간 30분

✪ 설탕과 유지 사용량이 많은 고배합 반죽으로 밀어 편 반죽에 계피설탕을 충전하여 여러 가지 모양으로 만든 제품으로 이스트로 발효시킨 달콤한 맛의 롤빵이다.

✅ 요구사항

※ 스위트롤을 제조하여 제출하시오.

❶ 배합표의 각 재료를 계량하여 재료별로 진열하시오(9분).

- 재료계량(재료당 1분) → [감독위원 계량확인] → 작품제조 및 정리정돈(전체시험시간-재료계량시간)
- 재료계량 시간 내에 계량을 완료하지 못하여 시간이 초과된 경우 및 계량을 잘못한 경우는 추가의 시간 부여 없이 작품제조 및 정리정돈 시간을 활용하여 요구사항의 무게대로 계량
- 달걀의 계량은 감독위원이 지정하는 개수로 계량

❷ 반죽은 스트레이트법으로 제조하시오.(단, 유지는 클린업 단계에 첨가하시오.)

❸ 반죽온도는 27℃를 표준으로 하시오.

❹ 야자잎형 12개, 트리플리프(세 잎새형) 9개를 만드시오.

❺ 계피설탕은 각자가 제조하여 사용하시오.

❻ 성형 후 남은 반죽은 감독위원의 지시에 따라 별도로 제출하시오.

✅ 반 죽 법 : 스트레이트법(반죽온도 27℃)

✅ 형   태 : 야자잎형-12개, 트리플리프(세잎새형)-9개

✅ 배합표

재료명	비율(%)	무게(g)
강력분	100	900
물	46	414
이스트	5	45(46)
제빵개량제	1	9(10)
소금	2	18
설탕	20	180
쇼트닝	20	180
달걀	15	135(136)
탈지분유	3	27(28)
계	212	1,908(1,912)

✅ 충전용 재료는 계량시간에서 제외

충전용 설탕	15	135(136)
충전용 계핏가루	1.5	13.5(14)

✅ 준비물

- 스텐볼
- 주걱
- 온도계
- 비닐
- 스크레이퍼
- 평철판
- 붓
- 밀대

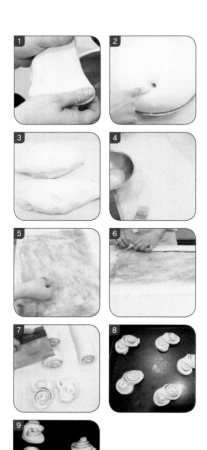

✅ 제조공정

재료 계량	❶ 재료를 지정한 용기에 계량하여 무게를 측정하고 재료별로 진열한다. ❷ 전 재료를 제시한 9분 내에 손실과 오차 없이 정확히 계량한다.
반죽	❶ 쇼트닝을 제외한 재료를 모두 넣고 믹싱한다. ❷ 클린업 단계가 되면 쇼트닝을 넣고 최종단계까지 믹싱한다. ❸ 반죽온도 27℃가 되도록 한다.
1차 발효	❶ 온도 27℃, 습도 75~80% 발효실에서 50~60분 발효시킨다.
성형	❶ 반죽을 반으로 나눠 각각의 반죽을 밀대로 밀어 가로 40cm, 세로 25cm, 두께는 0.5cm 직사각형이 되도록 밀어 편다. ❷ 봉합할 가장자리 1cm 정도 남기고 녹인 버터를 반죽에 골고루 펴서 바른다. ❸ 계피 설탕을 반죽 위에 골고루 뿌려 준 후 뭉치지 않도록 골고루 편다. ❹ 끝부분에서부터 안쪽으로 꼬집듯이 말아 준 후 이음매 부분에 물칠을 하고 잘 붙인다. ❺ 원통형으로 두께가 같도록 95cm 정도 늘린다. ▶ 야자잎형 ❶ 밀어 편 반죽을 4cm 길이로 자른다. ❷ 가운데 부분을 2/3 정도만 자른 후 같은 방향으로 벌린다. ❸ 철판에 간격을 맞춰 이음매 부분이 아래로 가도록 놓는다. ▶ 트리플리프형 ❶ 밀어 편 반죽을 5cm 길이로 자른다. ❷ 2/3 정도만 3등분으로 자른 후 같은 방향으로 벌린다. ❸ 철판에 간격을 맞춰 이음매 부분이 아래로 가도록 놓는다.
패닝	❶ 철판에 성형된 반죽의 이음매를 아래쪽으로 하여 간격을 맞춰 같은 모양끼리 놓는다.
2차 발효	❶ 온도 35~40℃, 습도 85~90% 발효실에서 25~35분 발효시킨다.
굽기	❶ 윗불 190~200℃, 아랫불 160℃ 오븐에서 12~15분 정도 굽는다.

☑ 제조공정 평가항목

세부항목	
1	• 재료 계량
2	• 정해진 제법의 혼합 순서
3	• 반죽상태와 반죽온도
4	• 1차 발효관리, 발효상태
5	• 밀어 펴기, 충전물 뿌리기
6	• 말기 및 분할
7	• 정형 숙련도
8	• 2차 발효관리, 발효상태
9	• 팬 넣기
10	• 제품 굽기, 구운 상태
11	• 개인위생 및 청소 상태
12	• 완성 제품 평가

☑ 제품평가기준

세부항목	내용
부피	• 분할무게와 비교해 부피가 알맞고 균일해야 한다.
균형	• 모양이 찌그러지지 않고 일정해야 한다.
껍질	• 껍질이 부드러우며 부위별로 고른 색이 나고 충전물이 흘러나와 묻지 않아야 한다.
속결	• 충전물과 빵의 속결이 분명하고 규칙적이어야 한다.
맛과 향	• 충전물의 맛과 발효 향이 잘 어우러져야 한다.

Tip

• 반죽을 말 때 너무 느슨하게 말면 풀어지고, 너무 세게 말면 위로 솟구치는 모양이 나오므로 주의한다.

• 용해 버터를 바를 때 이음매부분으로 윗면 2cm 정도를 남긴다.

• 성형방법에 유의하며 중간을 자를 때 거의 끝부분까지 잘라야 모양이 잘 나온다.

빵도넛
Yeast Doughnut
시험시간 3시간

⭐ 빵도넛은 링모양이 일반적이고 원형, 트위스트형, 타원형이 있다. 빵 반죽을 발효시킨 뒤 굽지 않고 튀겨낸 제품이다.

✅ 요구사항

※ **빵도넛을 제조하여 제출하시오.**

❶ 배합표의 각 재료를 계량하여 재료별로 진열하시오(12분).

- 재료계량(재료당 1분) → [감독위원 계량확인] → 작품제조 및 정리정돈(전체시험시간-재료계량시간)
- 재료계량 시간 내에 계량을 완료하지 못하여 시간이 초과된 경우 및 계량을 잘못한 경우는 추가의 시간 부여 없이 작품제조 및 정리정돈 시간을 활용하여 요구사항의 무게대로 계량
- 달걀의 계량은 감독위원이 지정하는 개수로 계량

❷ 반죽은 스트레이트법으로 제조하시오.(단, 유지는 클린업 단계에 첨가하시오.)

❸ 반죽온도는 27℃를 표준으로 하시오.

❹ 분할무게는 46g씩으로 하시오.

❺ 모양은 8자형과 트위스트형(꽈배기형)으로 만드시오.

❻ 반죽은 전량을 사용하여 성형하시오.

- ✅ 반 죽 법 : 스트레이트법(반죽온도 27℃)
- ✅ 생 산 량 : 46g × 46개
- ✅ 형   태 : 8자형, 트위스트형(꽈배기형)

✅ 배합표

재료명	비율(%)	무게(g)
강력분	80	880
박력분	20	220
설탕	10	110
쇼트닝	12	132
소금	1.5	18
탈지분유	3	32
이스트	5	54
제빵개량제	1	10
바닐라향	0.2	2
달걀	15	164
물	46	506
넛메그	0.3	2
계	194	2,130

✅ 준비물

- 스텐볼
- 비닐
- 평철판
- 주걱
- 스크레이퍼
- 튀김기름
- 온도계

✅ 제조공정

반죽	❶ 재료를 지정한 용기에 계량하여 무게를 측정하고 재료별로 진열한다. ❷ 전 재료를 제시한 12분 내에 손실과 오차 없이 정확히 계량한다.
반죽	❶ 쇼트닝을 제외한 모든 재료를 넣고 믹싱한다. ❷ 클린업 단계에 쇼트닝을 넣고 일반 빵 반죽에 80%까지 믹싱한다 ❸ 반죽온도 27℃가 되도록 한다.
1차 발효	❶ 온도 27℃, 습도 75~80% 발효실에서 40~50분 발효시킨다.
분할	❶ 46g씩 분할한 후 둥글리기한다.
중간발효	❶ 반죽을 비닐로 덮은 후 10~15분 중간발효시킨다.
성형	❶ 8자 모양은 반죽을 25cm 정도의 길이로 균일하게 늘린 후 8자형으로 꼰다. ❷ 트위스트형 모양은 반죽을 30cm 정도의 길이로 늘려 반죽의 끝부분을 양손으로 잡고 비틀어준 후 서로 엇갈리게 꼰다.
패닝	❶ 철판에 성형된 반죽의 이음매를 아래쪽으로 하여 간격을 맞춰 12개씩 놓는다.
2차 발효	❶ 온도 38℃, 습도 75~80% 발효실에서 30분 발효시킨다.
튀기기	❶ 기름의 온도를 180~190℃로 올려 발효된 반죽을 넣는다. ❷ 밑면에 색이 나면 한번만 뒤집어 2~3분 정도 튀겨준다.
굽기	❶ 튀김 후 36℃ 정도로 식혀 계피설탕을 양면에 묻혀 마무리한다.

✅ 제조공정 평가항목

	세부항목
1	• 재료 계량
2	• 정해진 제법의 혼합 순서
3	• 반죽상태와 반죽온도
4	• 1차 발효관리, 발효상태
5	• 반죽 분할 시간, 숙련도
6	• 둥글리기
7	• 중간발효
8	• 정형 숙련도, 정형상태
9	• 팬 넣기, 2차 발효관리, 발효상태
10	• 튀김 관리, 튀김 상태, 설탕 묻히기
11	• 개인위생 및 청소 상태
12	• 완성 제품 평가

✅ 제품평가기준

세부항목	내용
부피	• 분할무게와 비교해 부피가 알맞고 균일해야 한다.
균형	• 모양이 흐트러지지 않고 일정해야 한다.
껍질	• 앞뒷면이 황금갈색을 띠며 옆면은 연한 갈색이 나도록 한다.
속결	• 밝고 연한 미색을 띠며 기름을 많이 흡수하지 않아야 한다.
맛과 향	• 씹는 맛이 부드럽고 탄력성이 있으며 느끼한 기름 맛과 탄 냄새, 생 재료 맛이 없어야 한다.

Tip

- 도넛의 모양을 유지하기 위하여 믹싱은 발전단계까지 하고 2차 발효시간은 짧게 한다.
- 튀기기 전 반죽의 표피를 건조시킨다.
- 튀긴 후 충분히 냉각시키고 계피설탕을 묻혀야 설탕이 녹지 않는다.

모카빵
Mocha Bread
시험시간 3시간 30분

✪ 반죽에 커피를 첨가하고 비스킷으로 토핑을 씌운 빵으로 커피의 고소한 맛과 토핑의 단맛, 비스킷의 바삭함을 동시에 느낄 수 있다.

✅ 요구사항

※ **모카빵을 제조하여 제출하시오.**

❶ 배합표의 빵반죽 재료를 계량하여 재료별로 진열하시오(11분).

- 재료계량(재료당 1분) → [감독위원 계량확인] → 작품제조 및 정리정돈(전체시험시간−재료계량시간)
- 재료계량 시간 내에 계량을 완료하지 못하여 시간이 초과된 경우 및 계량을 잘못한 경우는 추가의 시간 부여 없이 작품제조 및 정리정돈 시간을 활용하여 요구사항의 무게대로 계량
- 달걀의 계량은 감독위원이 지정하는 개수로 계량

❷ 반죽은 "스트레이트법"으로 제조하시오.(단, 유지는 클린업 단계에서 첨가하시오.)

❸ 반죽온도는 27℃를 표준으로 하시오.

❹ 반죽 1개의 분할무게는 250g, 1개당 비스킷은 100g씩으로 제조하시오.

❺ 제품의 형태는 타원형(럭비공 모양)으로 제조하시오.

❻ 토핑용 비스킷은 주어진 배합표에 따라 직접 제조하시오.

❼ 완제품 6개를 제출하고 남은 반죽은 감독위원 지시에 따라 별도로 제출하시오.

- ✅ 반 죽 법 : 스트레이트법(반죽온도 27℃)
- ✅ 생 산 량 : 250g × 7개(완제품 6개 제출)
- ✅ 형   태 : 타원형(럭비공 모양)

✅ 배합표

– 빵 반죽

재료명	비율(%)	무게(g)
강력분	100	850
물	45	382.5(382)
이스트	5	42.5(42)
제빵개량제	1	8.5(8)
소금	2	17(16)
설탕	15	127.5(128)
버터	12	102
탈지분유	3	25.5(26)
달걀	10	85(86)
커피	1.5	12.75(12)
건포도	15	127.5(128)
계	209.5	1,780.75(1780)

–토핑용 비스킷(충전용 · 토핑용 재료는 계량시간에서 제외)

재료명	비율(%)	무게(g)
박력분	100	350
버터	20	70
설탕	40	140
달걀	24	84
베이킹파우더	1.5	5.25(5)
우유	12	42
소금	0.6	2.1(2)
계	198.1	693.35(693)

✅ 준비물

• 스텐볼	• 온도계	• 스크레이퍼	• 밀대
• 주걱	• 비닐	• 평철판	

✔ 제조공정

재료 계량	❶ 재료를 지정한 용기에 계량하여 무게를 측정하고 재료별로 진열한다. ❷ 전 재료를 제시한 11분 내에 손실과 오차 없이 정확히 계량한다.
반죽	❶ 버터와 건포도를 제외한 재료를 모두 넣고 믹싱한다. ❷ 클린업 단계가 되면 버터를 넣고 최종단계까지 믹싱한다. ❸ 믹싱된 반죽에 전처리한 건포도를 넣고 저속으로 골고루 섞는다. ❹ 반죽온도 27℃가 되도록 한다.
1차 발효	❶ 온도 27℃, 습도 75~80% 발효실에서 50~60분 발효시킨다.
분할	❶ 250g씩 7개 분할한 후 둥글리기 한다.
중간발효	❶ 반죽을 비닐로 덮은 후 10~15분 중간발효시킨다.
성형	❶ 작업대 바닥에 덧가루를 살짝 뿌리고 반죽을 밀대로 밀어 가스를 빼준다. ❷ 반죽을 일정한 두께로 밀어 편 후 타원형이 되도록 둥글게 만다. ❸ 이음매를 잘 봉한다. ❹ 토핑용 비스킷반죽을 100g씩 분할하여 두께는 0.3~0.4cm 크기는 빵 반죽보다 20~30% 더 큰 타원형이 되도록 고르게 밀어 편다. ❺ 비스킷반죽을 빵 반죽 윗면에 감싸 전체적으로 씌운다.
패닝	❶ 철판에 성형된 반죽의 이음매를 아래쪽으로 하여 간격을 맞춰 3개씩 놓는다. ❷ 남은 반죽은 별도로 제출한다.
2차 발효	❶ 온도 38℃, 습도 85~90% 발효실에서 30~35분 발효시킨다.
굽기	❶ 윗불 180℃, 아랫불 160℃ 오븐에서 25~30분 정도 굽는다.
토핑용 비스킷 만들기	❶ 버터를 부드럽게 풀어준 후 설탕, 소금을 넣고 충분히 섞는다. ❷ 달걀을 나누어 조금씩 넣으며 부드러운 크림상태를 만든다. ❸ 체질한 박력분과 베이킹파우더를 넣고 섞는다. ❹ 우유를 이용하여 반죽의 되기를 조절한다. ❺ 반죽이 한 덩어리가 되면 비닐에 싸서 냉장 휴지시킨다.

✅ 제조공정 평가항목

	세부항목
1	• 재료 계량
2	• 정해진 제법의 혼합 순서
3	• 반죽상태와 반죽온도
4	• 1차 발효관리, 발효상태
5	• 비스킷 제조
6	• 반죽 분할 시간, 숙련도
7	• 중간발효, 둥글리기
8	• 정형 숙련도, 정형상태
9	• 팬 넣기, 2차 발효관리, 발효상태
10	• 제품 굽기, 구운 상태
11	• 개인위생 및 청소 상태
12	• 완성 제품 평가

✅ 제품평가기준

세부항목	내용
부피	• 분할무게와 비교해 부피가 알맞고 균일해야 한다.
균형	• 모양이 찌그러지지 않고 균형 잡힌 대칭을 이루어야 한다.
껍질	• 토핑용 비스킷의 형태가 조밀하게 잘 갈라지고 빵 표면을 다 감싸고 있으며 고른 황금갈색이 나야 한다.
속결	• 기공과 조직의 크기가 고르고 부드러워야 한다.
맛과 향	• 비스킷의 바삭한 맛과 빵의 부드러움이 조화를 이루며 커피 향과 발효향이 잘 어우러져야 한다.

Tip

• 건포도가 으깨지면 발효가 제대로 안 되므로 마지막 단계에 넣어 으깨지지 않도록 한다.

• 균일한 균열이 생기도록 토핑에 유의한다.

• 빵 반죽이 발효하면서 부피가 커지므로 비스킷반죽이 빵 반죽을 충분히 감싸야 한다.

더치빵
Dutch Bread
시험시간 3시간 30분

☆ 네덜란드에서 널리 알려진 제품으로 발효한 빵 반죽에 쌀가루로 만든 토핑을 발라 구워 균열이 생긴 바삭바삭한 식감이 매우 담백한 빵이다.

✅ 요구사항

※ **더치빵을 제조하여 제출하시오.**

❶ 더치빵 반죽 재료를 계량하여 재료별로 진열하시오(9분).

• 재료계량(재료당 1분) → [감독위원 계량확인] → 작품제조 및 정리정돈(전체시험시간−재료계량시간)

• 재료계량 시간 내에 계량을 완료하지 못하여 시간이 초과된 경우 및 계량을 잘못한 경우는 추가의 시간 부여 없이 작품제조 및 정리정돈 시간을 활용하여 요구사항의 무게대로 계량

• 달걀의 계량은 감독위원이 지정하는 개수로 계량

❷ 반죽은 스트레이트법으로 제조하시오. (단, 유지는 클린업 단계에 첨가하시오.)

❸ 반죽온도는 27℃를 표준으로 하시오.

❹ 빵 반죽에 토핑할 시간을 맞추어 발효시키시오.

❺ 빵 반죽은 1개당 300g씩 분할하시오.

❻ 반죽은 전량을 사용하여 성형하시오.

✅ 반 죽 법 : 스트레이트법(반죽온도 27℃)

✅ 생 산 량 : 300g × 6개

✅ 형   태 : 타원형

✅ 배합표

– 반죽

재료명	비율(%)	무게(g)
강력분	100	1,100
물	60~65	660~715
이스트	4	44
제빵개량제	1	11(12)
소금	1.8	20
설탕	2	22
쇼트닝	3	33(34)
탈지분유	4	44
흰자	3	33(34)
계	178.8~183.8	1,967(2,025)

– 토핑(충전용 재료는 계량시간에서 제외)

재료명	비율(%)	무게(g)
멥쌀가루	100	200
중력분	20	40
이스트	2	4
설탕	2	4
소금	2	4
물	85	170
마가린	30	60
계	241	482

※ 토핑 제조 시 물량 조절가능

✅ 준비물

• 스텐볼   • 비닐   • 밀대
• 주걱   • 스크레이퍼   • 앙금주걱 or 스패튤러
• 온도계   • 평철판

✅ 제조공정

재료 계량	❶ 재료를 지정한 용기에 계량하여 무게를 측정하고 재료별로 진열한다. ❷ 전 재료를 제시한 9분 내에 손실과 오차 없이 정확히 계량한다.(흰자는 계량하지 않고 지정해준 개수만큼의 달걀을 가져다 놓는다.)
반죽	❶ 쇼트닝을 제외한 재료를 모두 넣고 믹싱한다. ❷ 클린업 단계가 되면 쇼트닝을 넣고 최종단계까지 믹싱한다. ❸ 반죽온도 27℃가 되도록 한다.
1차 발효	❶ 온도 27℃, 습도 75~80% 발효실에서 60~70분 발효시킨다.
분할	❶ 300g씩 6개 분할한 후 둥글리기한다.
중간발효	❶ 반죽을 비닐로 덮은 후 10~15분 중간발효시킨다.
성형	❶ 작업대 바닥에 덧가루를 살짝 뿌리고 반죽을 밀대로 밀어 가스를 빼준다. ❷ 반죽을 일정한 두께로 밀어 편 후 좌우대칭이 되도록 긴 타원형으로 둥글게 만다. ❸ 이음매를 잘 봉한다.
패닝	❶ 철판에 성형된 반죽의 이음매를 아래쪽으로 하여 간격을 맞춰 3개씩 놓는다.
2차 발효	❶ 온도 38℃, 습도 85~90% 발효실에서 30~35분 발효시킨다.
토핑	❶ 발효가 완료된 반죽을 실온에서 살짝 건조시킨다. ❷ 반죽 위에 토핑 반죽을 일정한 두께로 발라준다.
굽기	❶ 윗불 190℃, 아랫불 170℃ 오븐에서 30~40분 정도 굽는다.
토핑용 반죽 만들기	❶ 물에 이스트와 설탕, 소금을 용해시킨 후 마가린을 제외한 가루재료에 혼합한다. ❷ 온도 27℃, 습도 75~80% 발효실에서 1시간 정도 발효시킨다. ❸ 토핑 직전에 용해시킨 마가린을 넣어 섞는다.

✅ 제조공정 평가항목

	세부항목
1	• 재료 계량
2	• 정해진 제법의 혼합 순서
3	• 반죽상태와 반죽온도
4	• 1차 발효관리, 발효상태
5	• 토핑물 반죽 혼합, 발효 관리
6	• 반죽 분할 시간, 숙련도
7	• 둥글리기, 중간발효
8	• 정형 숙련도, 정형상태
9	• 팬 넣기, 2차 발효관리, 발효상태
10	• 토핑, 제품 굽기, 구운 상태
11	• 개인위생 및 청소 상태
12	• 완성 제품 평가

✅ 제품평가기준

세부항목	내용
부피	• 분할무게와 비교해 부피가 알맞고 균일해야 한다.
균형	• 모양이 찌그러지지 않고 균형 잡힌 대칭을 이루어야 한다.
껍질	• 토핑용이 고른 균열상태를 보이며 빵 표면에서 떨어지지 않고 잘 붙어 있어야 한다.
속결	• 기공과 조직의 크기가 고르고 부드러우며 밝은 색을 띠어야 한다.
맛과 향	• 토핑물의 바삭한 맛과 쌀가루의 맛, 더치빵 특유의 씹는 맛이 발효 향과 잘 어우러져야 한다.

Tip

• 토핑용 반죽이 두꺼우면 큰 균열이 생기고 얇으면 균열이 잘 생기지 않으므로 두께를 잘 조절한다.

• 반죽을 성형할 때 단단히 말아야 주저앉지 않는다.

• 토핑용 반죽의 되기는 물로 조절하며 약간 된 상태가 좋다.

소시지빵
Sausage Bread
시험시간 3시간 30분

✪ 단과자빵 반죽으로 소시지를 감싼 후 채소와 치즈를 올린 조리빵류로 식사대용 또는 간식용으로 먹기
좋은 제품이다.

✅ 요구사항

※ **소시지빵을 제조하여 제출하시오.**

❶ 반죽 재료를 계량하여 재료별로 진열하시오(10분). (토핑 및 충전물 재료의 계량은 휴지시간을 활용하시오.)
- 재료계량(재료당 1분) → [감독위원 계량확인] → 작품제조 및 정리정돈(전체시험시간-재료계량시간)
- 재료계량 시간 내에 계량을 완료하지 못하여 시간이 초과된 경우 및 계량을 잘못한 경우는 추가의 시간 부여 없이 작품제조 및 정리정돈 시간을 활용하여 요구사항의 무게대로 계량
- 달걀의 계량은 감독위원이 지정하는 개수로 계량

❷ 반죽은 스트레이트법으로 제조하시오.

❸ 반죽온도는 27℃를 표준으로 하시오.

❹ 반죽 분할무게는 70g씩 분할하시오.

❺ 완제품(토핑물 및 충전물 완성)은 12개 제조하여 제출하고 남은 반죽은 감독위원이 지정하는 장소에 따로 제출하시오.

❻ 충전물은 발효시간을 활용하여 제조하시오.

❼ 정형 모양은 낙엽모양과 꽃잎모양의 2가지로 만들어서 제출하시오.

- ✅ 반 죽 법 : 스트레이트법(반죽온도 27℃)
- ✅ 생 산 량 : 70g × 18개 → 12개 제조하여 제출(남은 반죽 따로 제출)
- ✅ 형   태 : 낙엽모양, 꽃잎모양

✅ 배합표

– 반죽

재료명	비율(%)	무게(g)
강력분	80	560
중력분	20	140
생이스트	4	28
제빵개량제	1	6
소금	2	14
설탕	11	76
마가린	9	62
탈지분유	5	34
달걀	5	34
물	52	364
계	189	1,318

– 토핑 및 충전물(계량시간에서 제외)

재료명	비율(%)	무게(g)
프랑크소시지	100	480
양파	72	336
마요네즈	34	158
피자치즈	22	102
케첩	24	112
계	252	1,188

✅ 준비물

• 스텐볼	• 비닐	• 가위	• 칼
• 주걱	• 스크레이퍼	• 도마	• 위생지
• 온도계	• 평철판		

✅ 제조공정

제료 계량	❶ 재료를 지정한 용기에 계량하여 무게를 측정하고 재료별로 진열한다. ❷ 전 재료를 제시한 10분 내에 손실과 오차 없이 정확히 계량한다.
반죽	❶ 마가린을 제외한 재료를 모두 넣고 믹싱한다. ❷ 클린업 단계가 되면 마가린을 넣고 최종단계까지 믹싱한다. ❸ 반죽온도 27℃가 되도록 한다.
1차 발효	❶ 온도 27℃, 습도 75~80% 발효실에서 60~70분 발효시킨다.
분할	❶ 70g씩 분할한 후 둥글리기한다.
중간발효	❶ 반죽을 비닐로 덮은 후 10~15분 중간발효시킨다.
성형	❶ 반죽을 소시지보다 조금 크게 밀어 편 후 소시지를 넣고 싼다. ❷ 낙엽모양은 밑 반죽은 남겨두고 소시지 부분까지만 9번 자르기를 한 후 서로 엇갈리게 양쪽으로 편다. ❸ 꽃잎모양은 7번 자르기를 한 후 한 방향으로 돌리면서 동그란 모양을 만든다.
패닝	❶ 철판에 성형된 반죽의 이음매를 아래쪽으로 하여 간격을 맞춰 6개씩 놓는다. ❷ 남은 반죽은 별도로 제출한다.
2차 발효	❶ 온도 38℃, 습도 75~80% 발효실에서 30분 발효시킨다.
토핑	❶ 양파를 잘게 잘라 마요네즈에 버무려 충전물을 만든다. ❷ 2차 발효가 끝난 제품 위에 충전물을 얹고 피자치즈를 뿌린다. ❸ 케찹으로 모양내어 짠다.
굽기	❶ 윗불 190℃, 아랫불 160℃ 오븐에서 12~15분 정도 굽는다.

✅ 제조공정 평가항목

세부항목	
1	• 재료 계량
2	• 정해진 제법의 혼합 순서
3	• 반죽상태와 반죽온도
4	• 1차 발효관리, 발효상태
5	• 반죽 분할 시간, 숙련도
6	• 둥글리기
7	• 중간발효
8	• 정형 숙련도, 정형상태
9	• 토핑 올리기
10	• 굽기
11	• 개인위생 및 청소 상태
12	• 완성 제품 평가

✅ 제품평가기준

세부항목	내용
부피	• 분할무게와 비교해 부피가 알맞고 균일해야 한다.
균형	• 반죽과 토핑물의 양이 균형을 이루고 모양이 대칭을 이루어야 한다.
껍질	• 반죽 밑면은 엷은 갈색, 윗면은 연한 갈색이 나야 한다.
속결	• 기공과 조직의 크기가 고르고 부드러워야 한다.
맛과 향	• 빵과 토핑물의 맛이 잘 어우러져야 하며 탄 냄새, 생 재료 맛이 없어야 한다.

Tip

• 소시지가 반죽 가운데 가도록 싸준다.

• 일정한 간격으로 가위집을 내도록 한다.

• 반죽을 패닝한 후 윗면을 눌러주어 소시지와 토핑물이 잘 어울릴 수 있도록 한다.

그리시니
Grissini
시험시간 2시간 30분

★ 프랑스의 나폴레옹이 즐겨 먹었다고 해서 나폴레옹의 지팡이란 별칭을 가진 짭짤하고 바삭한 제품으로 여러 곡물이나 향신료를 넣어 만든 건강식이며, 와인과 함께 곁들여도 좋다.

◉ 요구사항

※ 그리시니를 제조하여 제출하시오.

❶ 배합표의 각 재료를 계량하여 재료별로 진열하시오(8분).

• 재료계량(재료당 1분) → [감독위원 계량확인] → 작품제조 및 정리정돈(전체시험시간−재료계량시간)

• 재료계량 시간 내에 계량을 완료하지 못하여 시간이 초과된 경우 및 계량을 잘못한 경우는 추가의 시간 부여 없이 작품제조 및 정리정돈 시간을 활용하여 요구사항의 무게대로 계량

• 달걀의 계량은 감독위원이 지정하는 개수로 계량

❷ 전 재료를 동시에 투입하여 믹싱하시오(스트레이트법).

❸ 반죽온도는 27℃를 표준으로 하시오.

❹ 분할무게는 30g, 길이는 35~40cm로 성형하시오.

❺ 반죽은 전량을 사용하여 성형하시오.

◉ 반 죽 법 : 스트레이트법(반죽온도 27℃)

◉ 생 산 량 : 30g × 42개

◉ 형   태 : 가는 막대모양

◉ 배합표

재료명	비율(%)	무게(g)
강력분	100	700
설탕	1	7(6)
건조 로즈마리	0.14	1(2)
소금	2	14
이스트	3	21(22)
버터	12	84
올리브유	2	14
물	62	434
계	182.14	1,275(1,276)

◉ 준비물

• 스텐볼	• 비닐	• 평철판
• 주걱	• 스크레이퍼	• 자
• 온도계		

✅ 제조공정

제료 계량	❶ 재료를 지정한 용기에 계량하여 무게를 측정하고 재료별로 진열한다. ❷ 전 재료를 제시한 8분 내에 손실과 오차 없이 정확히 계량한다.
반죽	❶ 전 재료를 동시에 투입하고 믹싱한다. ❷ 반죽온도 27℃가 되도록 한다.
1차 발효	❶ 온도 27~30℃, 습도 75~80% 발효실에서 30분 발효시킨다.
분할	❶ 30g씩 분할한 후 둥글기한다.
중간발효	❶ 반죽을 비닐로 덮은 후 10~15분 중간발효시킨다.
성형	❶ 반죽을 손으로 밀어 짧은 막대 형태로 만든다. ❷ 2~3차례 나눠 서서히 밀어 35~40cm의 매끈한 막대형이 되도록 한다.
패닝	❶ 철판에 일정한 간격을 맞춰 놓는다.
2차 발효	❶ 온도 30~32℃, 습도 75~80% 발효실에서 20~30분 발효시킨다.
굽기	❶ 윗불 190~200℃, 아랫불 160℃ 오븐에서 15~20분 정도 굽는다.

✅ 제조공정 평가항목

	세부항목
1	• 재료 계량
2	• 정해진 제법의 혼합 순서
3	• 반죽상태와 반죽온도
4	• 1차 발효관리, 발효상태
5	• 반죽 분할 시간, 숙련도
6	• 둥글리기
7	• 중간발효
8	• 정형 숙련도, 정형상태
9	• 팬 넣기
10	• 굽기
11	• 개인위생 및 청소 상태
12	• 완성 제품 평가

✅ 제품평가기준

세부항목	내용
부피	• 분할무게와 비교해 부피가 알맞고 균일해야 한다.
균형	• 스틱모양이 일정하고 균형 잡힌 대칭을 이루어야 한다.
껍질	• 색깔이 고르고 약간 붉은색을 띠며 반점과 줄무늬가 없어야 한다.
속결	• 기공과 조직이 너무 크거나 작지 않고 일정해야 한다.
맛과 향	• 부드러움과 바삭거림이 조화를 이루고 로즈마리 향과 발효향이 잘 어울려야 한다.

Tip

• 성형 시 한 번에 밀지 말고 여러 차례 나눠 밀어야 표면이 찢어지지 않고 매끈하다.
• 긴 막대형으로 길이와 두께가 일정하도록 밀어준다.

베이글
Bagel
시험시간 3시간 30분

⭐ 베이글이란 말을 탈 때, 발을 디디는 제구인 등자를 뜻하는 독일어인 뷔겔(Bugel)에서 유래되었으며 끓는 물에 데친 후 굽는 제품이다.

✅ 요구사항

※ 베이글을 제조하여 제출하시오.

❶ 배합표의 각 재료를 계량하여 재료별로 진열하시오(7분).
- 재료계량(재료당 1분) → [감독위원 계량확인] → 작품제조 및 정리정돈(전체시험시간–재료계량시간)
- 재료계량 시간 내에 계량을 완료하지 못하여 시간이 초과된 경우 및 계량을 잘못한 경우는 추가의 시간 부여 없이 작품제조 및 정리정돈 시간을 활용하여 요구사항의 무게대로 계량
- 달걀의 계량은 감독위원이 지정하는 개수로 계량

❷ 반죽은 스트레이트법으로 제조하시오.

❸ 반죽온도는 27℃를 표준으로 하시오.

❹ 1개당 분할중량은 80g으로 하고 링모양으로 정형하시오.

❺ 반죽은 전량을 사용하여 성형하시오.

❻ 2차 발효 후 끓는 물에 데쳐 패닝하시오.

❼ 팬 2개에 완제품 16개를 구워 제출하시오.

- ✅ 반 죽 법 : 스트레이트법(반죽온도 27℃)
- ✅ 생 산 량 : 80g × 17개 → 완제품 16개 생산
- ✅ 형   태 : 링모양

✅ 배합표

재료명	비율(%)	무게(g)
강력분	100	800
물	55~60	440~480
이스트	3	24
제빵개량제	1	8
소금	2	16
설탕	2	16
식용유	3	24
계	166~171	1,328~1,368

✅ 준비물

- 스텐볼
- 비닐
- 주걱
- 스크레이퍼
- 온도계
- 평철판

✅ 제조공정

재료 계량	❶ 재료를 지정한 용기에 계량하여 무게를 측정하고 재료별로 진열한다. ❷ 전 재료를 제시한 7분 내에 손실과 오차 없이 정확히 계량한다.
반죽	❶ 식용유를 제외한 재료를 모두 넣고 믹싱한다. ❷ 클린업 단계가 되면 식용유를 넣고 최종단계 후기까지 믹싱한다. ❸ 반죽온도 27℃가 되도록 한다.
1차 발효	❶ 온도 27~30℃, 습도 75~80% 발효실에서 40~50분 발효시킨다.
분할	❶ 80g씩 분할한 후 둥글리기한다.
중간발효	❶ 반죽을 비닐로 덮은 후 10~15분 중간발효시킨다.
성형	❶ 반죽을 손으로 밀어 짧은 막대 형태로 만든다. ❷ 반죽을 다시 25cm 정도 막대 형태로 민 후 한쪽 끝을 펼쳐 다른 한쪽 끝을 넣고 감싸 링모양으로 만든다. ❸ 이음매를 잘 붙여 마무리한다.
패닝	❶ 철판에 성형된 반죽의 이음매를 아래쪽으로 하여 간격을 맞춰 8개씩 놓는다.
2차 발효	❶ 온도 30~32℃, 습도 75~80% 발효실에서 20분 발효시킨다. ❷ 75~80% 발효가 되면 꺼내 실온에서 5분 정도 건조시킨다. ❸ 100℃의 물에 위, 아래 면을 살짝 데친다. ❹ 데친 반죽을 한 철판에 8개씩 일정한 간격으로 패닝 후 다시 발효실에서 20분 정도 2차 발효를 더 시킨다.
굽기	❶ 윗불 200℃, 아랫불 200℃ 오븐에서 15분 정도 굽는다.

✅ 제조공정 평가항목

	세부항목
1	• 재료 계량
2	• 정해진 제법의 혼합 순서
3	• 반죽상태와 반죽온도
4	• 1차 발효관리, 발효상태
5	• 반죽 분할 시간, 숙련도
6	• 둥글리기
7	• 중간발효
8	• 정형 숙련도, 정형상태, 데치기
9	• 팬 넣기, 2차 발효상태
10	• 굽기
11	• 개인위생 및 청소 상태
12	• 완성 제품 평가

✅ 제품평가기준

세부항목	내용
부피	• 분할무게와 비교해 부피가 알맞고 균일해야 한다.
균형	• 링 모양으로 찌그러지지 않고 균형 잡힌 대칭을 이루어야 한다.
껍질	• 윤기가 나야 하며 색깔이 고르고 반점과 줄무늬가 없어야 한다.
속결	• 기공과 조직의 크기가 고르며 부드럽고 밝은 색을 띠어야 한다.
맛과 향	• 은은한 향이 나며 탄 냄새, 생 재료 맛이 없어야 한다.

Tip

* 베이글을 끓는 물에 데치는 이유
❶ 2차 발효가 끝난 반죽을 먼저 끓는 물에 데쳐 겉을 익힌 후 오븐에서 구워내므로 다른 빵에 비해 쫄깃한 맛을 낸다.
❷ 데치는 과정을 거치면 껍질을 빨리 형성시켜 수분 보존율을 높일 수 있어 노화가 빨리 진행되는 것을 막을 수 있다.
• 2차 발효 진행 후 데치는 이유는 조직감 개선과 보존기간 연장을 위해서다.
• 끓는 물에 반죽을 데칠 때 반죽이 속까지 익지 않도록 주의한다.
• 2차 발효는 반죽의 상태를 보며 시간을 조절한다.

통밀빵
Whole Wheat Bread

시험시간 3시간 30분

⭐ 강력분에 통밀가루 10~30%를 사용해서 만든 제품으로 제빵성은 좀 떨어지지만, 식이섬유가 많이 함유된 영양가 높은 건강식 빵이다.

✅ 요구사항

※ **통밀빵을 제조하여 제출하시오.**

❶ 배합표의 각 재료를 계량하여 재료별로 진열하시오(10분).
   – (토핑용) 오트밀은 계량시간에서 제외한다.

   • 재료계량(재료당 1분) → [감독위원 계량확인] → 작품제조 및 정리정돈(전체시험시간−재료계량시간)
   • 재료계량 시간 내에 계량을 완료하지 못하여 시간이 초과된 경우 및 계량을 잘못한 경우는 추가의 시간
     부여 없이 작품제조 및 정리정돈 시간을 활용하여 요구사항의 무게대로 계량
   • 달걀의 계량은 감독위원이 지정하는 개수로 계량

❷ 반죽은 스트레이트법으로 제조하시오.

❸ 반죽온도는 25℃를 표준으로 하시오.

❹ 표준 분할무게는 개당 200g으로 제조하시오.

❺ 제품의 형태는 밀대(봉)형(22~23cm)으로 제조하고 표면에 물을 발라 오트밀을 보기 좋게 적당히 묻히시오.

❻ 8개를 성형하고 남은 반죽은 감독위원의 지시에 따라 별도로 제출하시오.

---

❷ 반 죽 법 : 비상스트레이트법(반죽온도 25℃)
❷ 생 산 량 : 200g × 9개(8개 성형 제출)
❷ 형   태 : 밀대(봉)형

✅ 배합표

재료명	비율(%)	무게(g)
강력분	80	800
통밀가루	20	200
이스트	2.5	25
제빵개량제	1	10
물	63~65	630~650
소금	1.5	15(14)
설탕	3	30
버터	7	70
탈지분유	2	20
몰트액	1.5	15(14)
계	181.5~183.5	1,814(1,835)

(토핑용)오트밀	–	200g

✅ 준비물

• 스텐볼	• 스크레이퍼	• 밀대
• 주걱	• 평철판	• 분무기
• 온도계		

✅ 제조공정

재료 계량	❶ 재료를 지정한 용기에 계량하여 무게를 측정하고 재료별로 진열한다. ❷ 전 재료를 제시한 10분 내에 손실과 오차 없이 정확히 계량한다.
반죽	❶ 버터를 제외한 재료를 모두 넣고 믹싱한다. ❷ 클린업 단계가 되면 버터를 넣고 보통 빵 반죽에 80%까지 믹싱한다. ❸ 반죽온도 25℃가 되도록 한다.
1차 발효	❶ 온도 27℃, 습도 75~80% 발효실에서 50~60분 발효시킨다.
분할	❶ 200g씩 9개 분할한 후 둥글리기한다(8개를 성형하고 남은 반죽은 제출한다).
중간발효	❶ 반죽을 비닐로 덮은 후 15~20분 중간발효시킨다.
성형	❶ 작업대 바닥에 덧가루를 살짝 뿌리고 반죽을 밀대로 밀거나 손으로 눌러 가스를 빼준다. ❷ 반죽을 일정한 두께로 편 후 밀대(봉)형 22~23cm의 길이가 되도록 둥글게 만다. ❸ 윗면에 스프레이로 살짝 물을 뿌린 후 오트밀을 충분히 묻힌다.
패닝	❶ 철판에 성형된 반죽의 이음매를 아래쪽으로 하여 간격을 맞춰 놓는다.
2차 발효	❶ 온도 38℃, 습도 85~90% 발효실에서 30~35분 발효시킨다.
굽기	❶ 윗불 190℃, 아랫불 160℃ 오븐에서 15~20분 정도 굽는다.

✔ 제조공정 평가항목

	세부항목
1	• 재료 계량
2	• 정해진 제법의 혼합 순서
3	• 반죽상태와 반죽온도
4	• 1차 발효관리, 발효상태
5	• 반죽 분할 시간, 숙련도
6	• 둥글리기
7	• 중간발효
8	• 정형 숙련도, 정형상태
9	• 팬 넣기, 2차 발효관리, 발효상태
10	• 제품 굽기, 구운 상태
11	• 개인위생 및 청소 상태
12	• 완성 제품 평가

✔ 제품평가기준

세부항목	내용
부피	• 분할무게와 비교해 부피가 알맞고 균일해야 한다.
균형	• 모양이 한쪽으로 휘지 않고 곧으며 균형 잡힌 대칭을 이루어야 한다.
껍질	• 오트밀이 고르게 빵 표면을 감싸고 있으며 색이 전체적으로 고르게 나타나야 한다.
속결	• 통밀가루의 색이 고르게 나타나며 기공과 조직의 크기가 고르고 부드러워야 한다.
맛과 향	• 통밀가루와 오트밀의 맛과 향이 발효 향과 잘 어우러져야 한다.

Tip

• 통밀가루는 글루텐의 함량이 적으므로 일반 식빵에 비해 믹싱 시간을 짧게 한다.

Chapter
4

현대 디저트

망고무스와 과일소스

✅ 재료

- 망고퓌레 500g
- 설탕 200g
- 판 젤라틴 12g
- 브랜디(럼) 12g
- 생크림 500g
- 케이크시트
- 코팅 – 망고퓌레 250g 미루와 10g

✅ 만드는 법

❶ 망고퓌레와 설탕을 볼에 담아 중탕으로 살균시킨다.

❷ 찬물에 불린 젤라틴을 녹여 망고퓌레에 섞는다.

❸ 브랜디를 첨가한다.

❹ 생크림을 70% 휘핑하여 위의 혼합물에 잘 섞는다.

❺ 몰드에 망고필링을 채우고 얇게 슬라이스한 스펀지를 덮어주거나 스펀지를 깔고 망고필링을 채운 뒤 냉동고에서 굳힌다.

❻ 망고퓌레와 미루와를 섞어 굳은 무스에 얇게 코팅 후 장식한다.

레몬머랭케이크

✅ 재료

- 레몬크림 – 달걀 180g 설탕 1800g 레몬, 레몬주스 160g 버터 120g 화이트초콜릿 75g 젤라틴 10g 동물성 생크림 450g
- 라즈베리시럽 – 라즈베리퓌레 100g 시럽 200g(물 200g 설탕 80g 럼주 10g 레몬 1/4개)
- 이탈리안 머랭 – 흰자 100g 설탕 200g 물 70g 레몬주스 10g
- 아몬드스펀지– 슈거파우더 123g 아몬드분말 176g 흰자 126g 설탕 53g 박력분 53g 달걀 233g 버터 35g

✅ 만드는 법

▶ 아몬드스펀지

❶ 달걀을 풀어주고 슈거파우더를 넣은 뒤 충분히 기포를 올린다.

❷ 물기가 없는 깨끗한 볼에 흰자를 넣고 60% 정도 거품을 만든 후 설탕을 조금씩 넣으며 거품을 올려 80% 정도의 머랭을 만든다.

❸ 반죽에 머랭 반죽 1/3을 넣고 섞은 뒤 체에 친 박력분과 아몬드분말을 섞어준다.

❹ 녹인 버터에 반죽의 일부를 넣고 잘 섞은 후 본반죽에 넣어 가라앉지 않도록 신속하게 혼합한다.

❺ 반죽에 나머지 머랭을 넣고 거품이 꺼지지 않도록 가볍게 섞는다.

❻ 200℃ 오븐에서 6~8분간 굽는다.

▶ 레몬크림

❶ 달걀을 풀어준 후 설탕을 섞어 중탕으로 살균한다.

❷ 화이트초콜릿을 녹여 살균한 달걀과 섞는다.

❸ 녹인 버터를 혼합하고 찬물에 불려 젤라틴을 섞는다.

❹ 레몬과 레몬주스를 섞는다.

❺ 생크림을 70% 휘핑하여 혼합물에 2~3차례 나눠 잘 섞는다.

▶ 이탈리안 머랭

❶ 깨끗한 볼에 물기를 없애고 흰자를 담는다.

❷ 기포를 60~70% 정도 올린다.

❸ 냄비에 설탕과 물을 넣고 115℃가 될 때까지 끓인다.(흰자 올린 시점과 설탕시럽의 완료 시점이 같아야 한다.)

❹ 시럽을 끓이는 온도는 최저 110℃에서 최고 125℃까지 용도에 따라 맞게 조정한다.

❺ 기포 올린 흰자를 휘핑하면서 끓인 시럽을 조금씩 넣으며 계속 젓는다.

❻ 거품기를 들어 올렸을 때 끝부분이 약간 휘어진 상태가 적당하다.

▶ 마무리

❶ 반구 몰드에 레몬크림을 채운다.

❷ 아몬드스펀지를 반구 몰드크기만큼 찍은 뒤 무스 위에 덮은 후 라즈베리시럽을 바르고 냉각시킨다.

❸ 냉동고에서 냉각시킨 레몬케이크를 몰드에서 뺀다.

❹ 포크를 이용하여 스펀지부분을 꽂은 뒤 볼에 담겨 있는 이탈리안 머랭 속으로 깊숙이 넣은 후 천천히 들어 올려 모양을 만든다.

❺ 돌림판 위에 얹은 후 돌려가며 토치로 색을 입혀 마무리한다.

구름케이크

✔ 재료

- 초코무스 – 노른자 155g 설탕 50g 우유 100g
  생크림 100g 론도 다크초콜릿 300g 젤라틴 12g
  휘핑크림 500g
- 라즈베리 젤리 – 라즈베리퓌레 200g 오렌지주스
  100g 설탕 50g 젤라틴 7g
- 생크림 – 동물성 생크림 500g 설탕 35g 코인트로(럼) 5g
- 초코스펀지 – 달걀 250g 설탕 125g 소금 1g 유화제
  10g 베이킹파우더 2g 코코아파우더 20g 식용유 25g
  우유 30g 토핑(초코칩, 피칸분태 적당량)

✔ 만드는 법

▶ 초코스펀지
❶ 달걀을 풀어주고 설탕과 소금을 넣은 뒤 충분히 기포를
  올린 후 체에 친 박력분과 베이킹파우더를 섞어준다.
❷ 따뜻하게 데운 우유를 가볍게 섞고 식용유를
  혼합한다
❸ 철판에 패닝한 후 초코칩과 피칸분태를 뿌려준다.
❹ 200℃ 오븐에서 6~8분간 굽는다.

▶ 라즈베리 젤리
❶ 라즈베리퓌레와 오렌지주스 설탕을 함께 끓인다.
❷ 찬물에 불린 젤라틴을 넣고 작은 반구 몰드에 짠 후
  냉각시킨다.

▶ 초코무스
❶ 노른자와 설탕을 섞어 중탕으로 살균한다.
❷ 우유와 생크림을 끓인 후 론도 다크초콜릿에 붓고 녹인다.
❸ 살균한 달걀과 초콜릿을 한데 섞고 찬물에 불려
  젤라틴을 혼합한다.
❹ 생크림을 70% 휘핑하여 혼합물에 2~3차례 나눠 잘
  섞는다.

▶ 마무리
❶ 반구 몰드에 초코무스를 3/2 정도 채운 뒤 냉각시킨
  라즈베리 젤리를 가운데 넣는다.
❷ 초코스펀지를 반구 몰드크기만큼 찍은 뒤 무스 위에
  덮은 후 냉각시킨다.

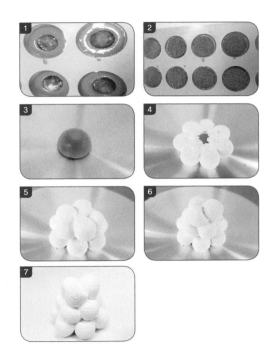

❸ 냉각된 무스를 틀에서 뺀 후 돌림판 위에 얹는다.
❹ 원모양깍지를 끼운 짤주머니에 생크림을 넣고
  돌림판을 돌려가며 모양을 낸다.
❺ 슈거파우더를 뿌려 마무리한다.

슈를 이용한 백조와 캐러멜소스

✔ 재료

- 슈 – 물 300g 버터 150g 박력분 83g 강력분 83g 달걀 6개
- 슈크림 – 달걀노른자 1개 설탕 38g 옥수수전분 15g 우유 150g 버터 10g 럼 5g
- 캐러멜소스– 설탕 330g 물 50g 생크림 250g 버터 20g

✔ 만드는 법

❶ 슈 – 볼에 물과 버터를 넣고 끓이다가 체에 친 밀가루를 넣고 볶는다.

❷ 천천히 달걀을 넣으며 휘핑하다 윤기가 나면 농도를 맞춰 마무리한다.

❸ 백조의 머리 부분은 물음표 모양으로 얇게 짜서 오븐에 바로 넣어 갈색으로 구워낸다.

❹ 몸통은 원형으로 짜준 후 물을 충분히 분무하고 오븐 온도 윗불 190℃, 아랫불 170℃에서 20분 정도 굽는다. 이때 10분 정도는 절대 오븐 문을 열지 말아야 한다.

❺ 슈크림 – 볼에 달걀노른자를 풀어주고 설탕을 넣어 휘핑한다.

❻ 옥수수전분을 섞은 뒤 끓인 우유를 붓고 불에 올려 되직한 농도가 되도록 저어가며 끓여준다.

❼ 뜨거울 때 버터와 럼을 넣어 마무리한다.

❽ 원형 슈의 2/3부분을 절단한 뒤 1/3부분은 반으로 잘라 날개로, 2/3부분은 슈크림을 채워 몸통으로, 물음표 모양으로 짠 슈는 백조머리로 이용해 백조를 만든다.

❾ 캐러멜소스와 슈거파우더를 이용해 접시에 예쁘게 장식한다.

▶ 캐러멜소스

❶ 냄비에 설탕과 물을 넣고 진한 갈색이 나도록 끓인다.

❷ 색이 나면 불에서 내려 생크림을 부어 농도를 맞춘다.

❸ 마지막으로 버터를 넣고 녹여준다.

❹ 찬물에 중탕하여 식힌 후 여분의 생크림으로 농도를 조절한다.

▶ 슈

▶ 슈크림

▶ 캐러멜소스

초코무스 파나코타

✅ 재료(1개 분량)

- 초코 비스퀴 – 노른자 80g 달걀 200g 설탕 160g
  흰자126g 설탕 65g 박력분 38g 코코아파우더 16g
  초콜릿칩 30g 피칸분태 30g
- 파나코타 – 우유 50g 생크림 95g 설탕 22g 젤라틴
  4g 바닐라빈 2g
- 다크초콜릿무스 – 달걀 20g 노른자 35g 설탕 17g 우유
  35g 생크림 35g 다크초콜릿 100g 젤라틴 4g 생크림 165g
- 다크 글라사주 – 물 140g 설탕 240g 물엿 240g 다크
  초콜릿 230g 연유 160g 젤라틴 210g 코코아파우더 20g

✅ 만드는 법

▶ 초코 비스퀴
❶ 달걀과 달걀노른자를 풀어준 뒤 설탕을 섞어
   중탕으로 45℃ 정도까지 올려 살균한다.
❷ 살균한 ❶을 연한 아이보리색이 될 때까지
   휘핑한다.
❸ 흰자에 설탕을 2~3회 나누어 넣어가며 단단한
   머랭을 만든다.
❹ ❷에 머랭의 1/2을 넣고 가볍게 섞은 후 체 친
   박력분과 코코아파우더를 섞어준다.
❺ 나머지 머랭을 가볍게 섞어준다.
❻ 철판에 위생지를 깔고 반죽을 패닝한 후 초콜릿
   칩과 피칸분태를 골고루 뿌려준다.
❼ 210℃ 오븐에서 5~7분 정도 구워준다.

▶ 파나코타
❶ 우유와 생크림, 바닐라빈, 설탕을 냄비에 끓여준다.
❷ 찬물에 불린 젤라틴을 넣고 녹인 후 고운체에
   걸러준다.
❸ 살짝 식힌 후 무스 틀에 30% 정도 붓고 랩을 씌워
   냉동시킨다.

▶ 다크 글라사주
❶ 물, 설탕, 물엿, 코코아파우더를 넣고 103℃까지
   끓인다.
❷ 찬물에 불린 젤라틴과 연유를 넣고 섞은 뒤 녹인
   초콜릿과 혼합하고 핸드믹서기로 곱게 갈아준다.
❸ 35~40℃까지 식힌 후 사용한다.

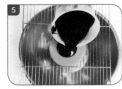

▶ 다크초콜릿무스
❶ 달걀, 달걀노른자를 풀어준 뒤 설탕을 섞고 끓인
   우유와 생크림을 조금씩 넣으면서 섞은 후 중탕으로
   살균한다.
❷ 살균한 달걀에 녹인 초콜릿과 찬물에 불린 젤라틴을
   섞고 36℃까지 식힌다.
❸ 생크림을 70% 휘핑하여 2회로 나누어 가볍게
   섞어준다.

▶ 마무리
❶ 18cm 원형 무스 틀에 랩을 씌우고 다크초콜릿
   무스를 30% 정도 채운다.
❷ 미리 냉동시킨 파나코타를 틀에서 제거하고
   다크초콜릿무스 위에 얹는다.
❸ 10분 정도 냉동시키고 다시 다크초콜릿무스를 80%
   정도까지 채운다.
❹ 비스퀴에 시럽을 바르고 초콜릿무스 위에 올려
   평평하게 눌러준 후 냉동고에서 굳힌다.
❺ 무스를 틀에서 제거한 후 코팅 망에 올리고 다크
   글라사주를 부어준다.
❻ 밑면에 파에테포요틴을 묻혀 장식한다.

허니바스켓을 이용한 허니무스

✅ 재료

- 허니바스켓 – 설탕 100g 버터 56g 꿀 20g
  팬케이크시럽 20g 박력분 40g
- 슈크림 – 달걀노른자 1개 설탕 38g 옥수수전분 15g
  우유 150g 버터 10g 럼 5g
- 허니무스 – 슈크림 200g 꿀 100g 생크림 70g

✅ 만드는 법

❶ 허니바스켓 설탕과 버터를 잘 풀어준 뒤 꿀,
  팬케이크시럽을 섞고 체에 친 박력분을 섞는다.
  (냉장보관하며 필요할 때 사용)

❷ 원하는 크기에 맞게 반죽을 동그랗게 만들어 철판에
  패닝 후 오븐온도 180℃에서 색이 나면 꺼내 살짝
  미지근할 때 틀이나 도구를 이용해 모양을 잡는다.

❸ 허니무스 슈크림에 꿀을 섞고 휘핑한 생크림으로
  되기를 조절하며 부드럽게 섞어준다.

❹ 허니바스켓에 허니무스를 짜고 소스와 마지팬으로
  만든 벌을 이용해 장식한다.

▶ 슈크림

❶ 볼에 달걀노른자를 풀어주고 설탕, 옥수수전분을
  섞은 뒤 끓인 우유를 붓고 불 위에 올려 되직한
  농도가 되도록 저어가며 끓여준다. 뜨거울 때
  버터와 럼을 넣어 마무리한다.(p. 295 참조)

▶ 허니바스켓

▶ 허니무스

리얼 브라우니

✅ 재료(2개량)

- 브라우니 – 다크초콜릿 87g 버터 132g 달걀 105g 설탕 150g 바닐라빈 2g 박력분 66g 아몬드슬라이스 10g
- 다크가나슈크림 – 초콜릿 칩 100g 다크론도 6g 생크림 100g

✅ 만드는 법

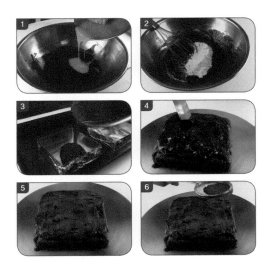

▶ 브라우니

❶ 다크초콜릿과 버터를 45℃ 정도까지 녹여준다.

❷ 달걀과 설탕을 풀어준 후 바닐라빈을 넣고 거품이 올라오지 않도록 주의하며 중탕한다.

❸ 녹인 초콜릿에 살균한 달걀과 설탕을 섞고 체에 친 박력분을 섞는다.

❹ 마지막으로 아몬드 슬라이스를 넣고 가볍게 섞어준다.

❺ 사각 틀에 위선지를 깔고 반죽을 40% 정도 패닝한 후 160℃ 오븐에서 30~35분 정도 굽는다.

▶ 다크가나슈크림

❶ 끓인 생크림을 초콜릿에 붓고 부드러운 크림상태로 섞어준다.

▶ 마무리

❶ 다크가나슈크림을 완전히 식힌 브라우니 위에 올린다.

❷ 스패튤러를 이용하여 모양을 낸 후 초콜릿 파우더를 뿌려 마무리한다.

크레이프와 오렌지소스

✔ 재료

- 크랩 – 달걀 3개 설탕 30g 박력분 125g 우유 350g
  버터 50g
- 오렌지소스 – 오렌지주스 100g 오렌지원액 100g
  설탕 소량
- 하드버터 – 버터 100g 슈거파우더 70g 오렌지즙과
  필 1/2개 레몬즙과 필 1/4개

✔ 만드는 법

❶ 크랩 – 달걀과 설탕을 아이보리색이 되도록 풀어준
  뒤 박력분을 넣고 잘 저어준다.

❷ 따뜻한 우유를 넣고 녹인 버터를 넣어 잘 섞어준 뒤
  체에 한번 내린 후 거품을 거둬낸다.

❸ 달군 프라이팬을 기름으로 닦아낸 후 위의 반죽을
  앞, 뒤로 얇게 부쳐낸다.

❹ 하드버터 – 버터와 슈거파우더를 부드럽게 풀어준
  뒤 오렌지즙과 필, 레몬즙과 필을 섞어 냉동고에
  보관하여 필요할 때 사용한다.

❺ 프라이팬에 오렌지소스와 하드버터를 넣고 살짝
  끓이다가 크랩을 넣고 따뜻하게 데워낸다.

❻ 따뜻한 크랩과 소스를 차가운 아이스크림과 함께
  접시에 장식한다.

필로도우로 싼 사과와 바닐라 소스

✅ 재료

- 사과 3개 설탕 120g 레몬 1/2개 전분 6g 버터 3g 럼 3g 건포도 30g 필로도우 적당량
- 바닐라소스 – 달걀노른자 3개 설탕 50g 우유 125g 생크림 125g 바닐라향 소량

✅ 만드는 법

❶ 사과를 작은 다이스로 썰어 설탕, 레몬을 넣고 살짝 삶는다.

❷ 전분을 물에 풀어 삶은 사과에 넣고 불 위에서 농도를 조절하고 뜨거울 때 버터, 럼, 건포도를 넣고 마무리한다.

❸ 필로도우를 12cm X 12cm의 크기의 정사각형으로 잘라 준비한다.

❹ 필로도우 위에 녹인 버터를 살짝 바르고 그 위에 다시 필로도우를 얹는다.

❺ 필로도우 중앙에 준비해 놓은 사과필링을 놓고 복주머니 모양으로 모아 싸서 머핀 틀에 담아 오븐온도 180℃에서 갈색이 살짝 나도록 굽는다.

❻ 접시에 바닐라소스와 슈거파우더를 이용해 장식한다.

▶ 바닐라소스

❶ 달걀노른자를 잘 풀어준 후 설탕을 넣고 아이보리색이 될 때까지 거품을 올린다.

❷ 끓인 생크림과 우유를 붓고 불 위에 올려 계속 저으며 농도를 맞춘다.

❸ 농도를 맞춘 후 찬물에 중탕해 빨리 식혀주면 분리될 확률이 적다.

❹ 식었을 때 마지막으로 바닐라향을 섞어준다.

▶ 바닐라소스

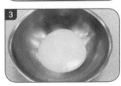

파니아를 이용한 초콜릿무스

✅ 재료

- 초콜릿무스 – 다크초콜릿 250g 밀크초콜릿 250g 달걀노른자 3개 달걀흰자 6개 설탕 75g 그랑마니에(럼) 10g 버터 250g 생크림 200g
- 파니아 – 버터 50g 슈거파우더 60g 박력분 50g 달걀흰자 52g

✅ 만드는 법

❶ 초콜릿무스 – 다크초콜릿과 밀크초콜릿을 녹여 준비한다.

❷ 볼에 달걀노른자와 흰자, 설탕을 넣고 살균시킨다.

❸ 살균한 달걀에 녹인 초콜릿을 넣으며 식을 때까지 믹싱하다 그랑마니에와 부드러운 버터를 넣고 마무리한다.

❹ 생크림을 70% 휘핑하여 위의 혼합물에 잘 섞는다.

❺ 파니아 – 버터와 슈거파우더를 믹싱하다 흰자 1/2을 여러 차례 나눠 넣으며 기포를 올린다.

❻ 박력분을 위의 혼합물에 섞어주고 나머지 흰자 1/2을 섞어 마무리한다.

❼ 반죽을 이용해 다양한 모양을 만든 후 오븐온도 180℃에서 갈색이 나도록 굽는다.

❽ 오븐에서 색이 나면 꺼내 식기 전에 모양을 잡아준다.

❾ 초콜릿무스를 예쁜 컵에 짜거나 파니아를 이용해 접시에 장식한다.

핑거쿠키를 곁들인 컵 티라미슈

✅ 재료

- 크림치즈(마스카포네치즈) 200g 설탕 48g 달걀노른자 75g 바닐라향 2g 판 젤라틴 7g 휘핑크림 500g 커피시럽(커피가루+럼) 소량 코코아파우더 소량
- 핑거쿠키 – 달걀 90g 달걀노른자 75g 설탕 125g 박력분 175g 레몬필 · 즙 1/4개 바닐라향 소량

✅ 만드는 법

❶ 달걀노른자에 설탕을 넣고 따뜻한 물에 중탕하며 휘핑한다.

❷ 찬물에 불려 놓은 젤라틴을 위의 혼합물에 넣고 녹여준다.

❸ 부드럽게 풀어 준비한 크림치즈를 넣고 매끄럽게 섞어준다.

❹ 바닐라향을 섞고 휘핑한 생크림을 3차례 나눠 섞어준다.

❺ 유리컵에 핑거쿠키를 깔고 커피시럽을 바르고 티라미슈를 반 정도 채운 후 다시 핑거쿠키, 시럽, 티라미슈 순으로 채워준다.

❻ 냉장고에서 차갑게 굳힌 후 코코아파우더를 뿌려 마무리 장식한다.

▶ 핑거쿠키

❶ 달걀과 달걀노른자, 설탕을 중탕해 볼에 넣고 거품을 최대한 올린다.

❷ 체에 친 박력분을 섞은 뒤 레몬필과 즙, 바닐라향을 넣는다.

❸ 철판에 유선지를 깔고 모양깍지를 이용해 반죽을 짠 뒤 따로 준비한 설탕을 골고루 뿌려주고 털어낸다.

❹ 오븐온도 윗불 190℃, 아랫불 150℃에서 10분 정도 색이 나지 않도록 굽는다.

▶ 커피시럽

❶ 커피가루와 럼을 섞어 시럽을 만들거나 커피에센스를 이용한다.

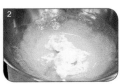

▶ 핑거쿠키

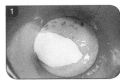

도지마롤

✅ 재료

- 달걀노른자 240g 설탕 48g 달걀흰자 480g
  설탕 200g 트리몰린 10g 물 150g 박력분 240g
  베이킹파우더 6g
- 생크림 – 동물성 생크림 1000g 설탕 70g 연유 50g
  럼주 10g

✅ 만드는 법

❶ 달걀노른자를 풀어준 뒤 설탕, 트리몰린, 식용유를
  섞는다.

❷ 흰자와 설탕을 넣고 머랭을 만든다.

❸ 머랭의 1/2을 ❶에 섞고 체에 내린 가루재료를
  섞는다.

❹ 나머지 머랭을 가볍게 섞어준다.

❺ 평철판 내부에 위생지를 깔고 반죽을 채운 뒤
  고르게 펴준다.

❻ 윗불 190℃, 아랫불 150℃ 오븐에서 12~15분간
  굽는다.

❼ 오븐에서 꺼내면 바로 팬에서 분리하여 냉각팬에
  옮겨 식힌다.

▶ 마무리

❶ 면포를 물에 적셔 꼭 짠 뒤 작업대 위에 깐다.

❷ 구워낸 시트의 윗부분이 면포 바닥으로 향하게
  뒤집어엎고 물을 바른 후 위생지를 떼어낸다.

❸ 스패튤러를 이용하여 휘핑한 생크림을 골고루 펴
  바른 후 원통형으로 둥글게 말아준다.(디저트용
  작은 도지마롤을 만들 때에는 시트를 가로로
  2등분하여 적당량의 부피가 나오도록 생크림을
  바른 후 둥글게 말아준다.)

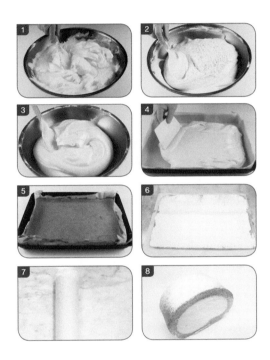

블랙포레스트

✅ 재료(2개 분량)

- 다크체리필링 – 다크체리 1캔 설탕 10g 전분 15g
- 초코 스펀지 – 달걀 300g 설탕 150g 박력분 100g
  코코아가루 16g 버터 25g 생크림 500g 초콜릿 소량
- 시럽 – 물 250g 설탕 125g 레몬 1/4쪽 통계피 소량

✅ 만드는 법

❶ 다크체리필링 – 캔에서 시럽을 따로 분리해 설탕과
  함께 끓여주다 찬물에 푼 전분을 넣고 농도를 맞춘
  뒤 분리해 놓은 다크체리를 넣고 살짝 끓여 식힌다.

❷ 초코 스펀지 – 달걀을 풀어주고 설탕을 넣은
  뒤 충분히 기포를 올리고 체에 친 박력분과
  코코아가루를 골고루 섞어준다.

❸ 반죽 일부를 녹인 버터에 덜어 혼합한 뒤 위의
  반죽에 넣고 다시 섞어 완성한다.

❹ 준비해 놓은 원형 팬에 종이를 깔고 반죽을 60%
  채운 뒤 오븐온도 윗불 180℃, 아랫불 160℃에서
  30분 정도 굽는다.

❺ 구운 초코 스펀지를 충분히 식혀 3등분한다.

❻ 시럽을 붓을 이용해 케이크시트에 골고루 발라준다.

❼ 생크림을 휘핑해 스펀지에 바르고 그 위를
  다크체리필링으로 샌드하여 아이싱한다.

❽ 필링 속 다크체리를 이용해 초콜릿과 함께
  장식한다.

▶ 시럽

❶ 물과 설탕, 레몬, 통계피를 한 번에 담고 끓인 뒤
  식혀 준비한다.

모카시퐁케이크

✔ 재료(2개 분량)

• 달걀노른자 8개 설탕 62g 달걀흰자 8개 설탕 138g 물 80g 식용유 80g 박력분 160g 베이킹파우더 9g 커피 9g 생크림 500g 초코시럽 소량

✔ 만드는 법

❶ 달걀노른자를 풀어주고 설탕을 넣은 뒤 충분히 기포를 올린다.

❷ 물을 살짝 섞어주고 체에 친 박력분과 베이킹파우더, 커피를 골고루 섞은 뒤 식용유를 넣고 섞는다.

❸ 흰자와 설탕으로 머랭을 만들어 위의 혼합물에 섞어준다.

❹ 준비해 놓은 시퐁 팬에 70% 채운 뒤 오븐온도 윗불 180℃, 아랫불 160℃에서 30분 정도 구운 후 거꾸로 뒤집어 놓고 식힌다.

❺ 생크림을 휘핑하여 시트에 아이싱하고 초코시럽을 이용하여 장식한다.

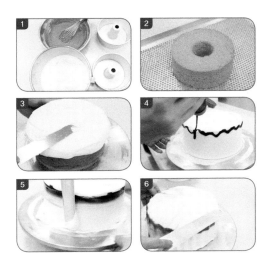

블루베리 치즈케이크

✅ 재료(2개 분량)

• 크림치즈 910g 설탕 250g 박력분 22g 전분 22g 달걀 450g 달걀흰자133g 설탕 83g 블루베리파이필링 1캔 생크림 500g 케이크시트(2호) 1개

✅ 만드는 법

❶ 크림치즈와 설탕을 넣고 부드럽게 풀어준다.

❷ 달걀을 천천히 넣으며 부드러운 크림상태로 만든다.

❸ 체에 친 박력분과 전분을 넣고 살짝 섞어준다.

❹ 달걀흰자와 설탕을 섞어 머랭을 올린 뒤 위의 혼합물에 섞어준다.

❺ 원형 틀에 종이를 깔고 반으로 슬라이스한 케이크 시트를 얹는다.

❻ 반죽을 넣고 오븐온도 150℃에서 60분 정도 중탕하며 색이 너무 나지 않도록 구워준다.

생크림 케이크

✔ 재료(2개 분량)

- 화이트스펀지 – 달걀 10개 설탕 250g 박력분 250g
  버터 65g 바닐라향 소량 생크림 500g 과일 적당량
- 시럽 – 물 250g 설탕 125g 레몬 1/4쪽 통계피 소량

✔ 만드는 법

❶ 화이트스펀지 – 달걀을 풀어주고 설탕을 넣은 뒤
  충분히 기포를 올리고 체에 친 박력분을 골고루
  섞어준다.

❷ 반죽 일부를 녹인 버터에 덜어 혼합한 뒤 위의
  반죽에 넣고 다시 섞어 완성한다.

❸ 준비해 놓은 원형 팬에 종이를 깔고 반죽을 60%
  채운 뒤 오븐온도 윗불 180℃, 아랫불 160℃에서
  30분 정도 굽는다.

❹ 구운 화이트스펀지를 충분히 식혀 3등분한다.

❺ 시럽을 붓을 이용해 케이크시트에 골고루 발라준다.

❻ 생크림을 휘핑해 바르고 그 위를 과일로 샌드하여
  아이싱한다.

❼ 과일을 이용해 장식한다.

▶ 시럽

❶ 물과 설탕, 레몬, 통계피를 한번에 담고 끓인 뒤
  식혀서 준비한다.

당근케이크

✅ 재료(2개 분량)

- 당근케이크 스펀지 – 당근 440g 설탕 356g 강력분 300g 달걀 240g 계피 2g 베이킹소다 4g 베이킹파우더 8g 소금 4g 넛메그 1g 식용유 316g 호두분태 60g
- 크림치즈 – 크림치즈 280g 슈거파우더 52g 생크림 415g 설탕 52g

✅ 만드는 법

▶ 당근케이크 스펀지

❶ 달걀을 풀어준 뒤 설탕을 넣고 충분히 기포를 올린 뒤 체에 친 가루를 넣고 섞어준다.

❷ 반죽의 일부를 식용유에 혼합한 뒤 반죽에 넣고 다시 섞은 뒤 체에 내려 준비해 놓은 당근을 가볍게 섞어준다.

❸ 1호 원형팬에 위생지를 깔고 반죽을 70% 정도 패닝한 후, 170℃오븐에서 25~28분 구운 뒤 식힌다.

▶ 크림치즈 크림

❶ 동물성 생크림에 설탕을 넣고 단단한 생크림을 만든다.

❷ 크림치즈에 슈거파우더를 넣고 풀어준 후 휘핑한 생크림에 넣어 덩어리지지 않도록 섞어준다.

▶ 마무리

❶ 당근케이크 스펀지를 2등분하고 시럽을 골고루 발라준다.

❷ 크림치즈 크림을 1cm 높이로 발라준다.

❸ 스펀지를 덮고 시럽을 발라준다.

❹ 크림으로 아이싱을 하고 윗면은 스패튤러로 모양을 내고 옆면에 파에테포요틴을 묻히고 슈거파우더를 뿌려 마무리한다.

▶ 크림치즈 크림

크림치즈 컵케이크

✅ 재료(10개 분량)

- 설탕 200g 버터 150g 크림치즈 75g 달걀 3개 달걀노른자 1개
- 박력분 200g 아몬드파우더 25g 베이킹파우더 5g
  ▶ 토핑 A
- 크림치즈 110g 슈거파우더 30g 생크림 70g
  ▶ 토핑 B
- 버터크림 200g 크림치즈 100g

✅ 만드는 법

❶ 버터와 크림치즈를 부드럽게 풀어준 뒤 설탕을 넣고 믹싱한다.

❷ 달걀을 천천히 2~3회에 나누어 넣으며 크림상태로 만든다.

❸ 체에 친 박력분과 아몬드파우더, 베이킹파우더를 넣고 살짝 섞어준다.

❹ 머핀 틀에 위생지를 깔고 반죽을 틀의 80% 정도 짜준다.

❺ 크림치즈, 슈거파우더, 생크림을 혼합하여 부드럽게 만든 토핑 A를 반죽 위에 적당량 짜준 후 180℃에서 30분간 굽는다.

❻ 냉각 후 버터크림과 크림치즈가 부드럽게 혼합된 토핑 B를 짜서 마무리한다.

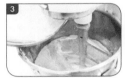

바나나머핀

✅ 재료

• 바나나(냉동) 120g 흑설탕 210g 달걀 150g 박력분
  300g 베이킹소다 3g 베이킹파우더 6g 물 70g
  식용유 100g

✅ 만드는 법

❶ 바나나 껍질을 벗겨 미리 냉동시켜 준비한다.

❷ 냉동바나나를 해동시킨 뒤 흑설탕을 넣고 풀어준다.

❸ 달걀을 넣고 기포를 올린다.

❹ 체에 친 박력분, 베이킹파우더, 베이킹소다를
  섞어준다.

❺ 마지막으로 물과 식용유를 섞으며 반죽을 완성한다.

❻ 짤주머니를 이용해 머핀 틀에 80%까지 짜준 뒤
  오븐온도 윗불 180℃, 아랫불 160℃에서 30분 정도
  굽는다.

마블케이크

✅ 재료(2개 분량)

- 설탕 500g 마가린 250g 버터 250g 박력분 500g
  베이킹파우더 4g
- 달걀 550g 캡틴큐(럼) 33g 코코아파우더 5g

✅ 만드는 법

❶ 믹싱 볼에 마가린과 버터를 넣고 풀어준다.

❷ 설탕을 첨가하면서 충분히 섞어준다.

❸ 달걀을 2~3회로 나누어 천천히 넣으며 부드러운
　크림상태로 만든다.

❹ 완전히 크림화가 되면 체에 친 박력분과 베이킹
　파우더를 넣고 살짝 섞어준다.

❺ 마지막으로 럼을 넣고 마무리한다.

❻ 완성된 반죽을 조금 덜어 코코아파우더를 넣고
　섞어서 준비해 둔다.

❼ 반죽이 들어 있는 볼 중앙에 코코아파우더가 섞인
　반죽을 놓고 조금씩 섞으면서 준비된 틀에 담는다.

❽ 고무주걱으로 반죽을 틀의 양쪽 가장자리로 끌어
　올려 가운데 부분이 움푹해지도록 마무리한다.

❾ 오븐온도 150℃에서 80분 정도 천천히 굽는다.

Tip

- 믹싱 중간중간 뜨거운 물로 믹싱 볼 밑을 따뜻하게 하면서 100% 크림화를 한다.

카스텔라

✅ 재료(1판 분량)

- 달걀 810g
- 달걀노른자 380g
- 설탕 700g
- 박력분 540g
- 우유 200g
- 버터 175g

✅ 만드는 법

❶ 믹싱 볼에 달걀과 달걀노른자를 푼 뒤 설탕을 넣고 고속으로 믹싱한다.

❷ 따뜻한 물을 볼에 받쳐 중탕시키면서 거품을 올린다.

❸ 반죽을 손가락으로 찍었을 때 흘러내리지 않고 끝이 뭉툭하게 묻어 있는 상태가 될 때까지 거품을 올린다.

❹ 믹싱이 완료되면 중속으로 낮추어 기포를 균일하게 해준다.

❺ 반죽에 체에 친 박력분을 가볍게 섞어준다.

❻ 따뜻하게 준비해 놓은 우유를 섞어준다.

❼ 40~60℃로 용해시킨 버터에 반죽의 일부를 넣고 섞어준 후 본반죽에 넣어 기포가 꺼지지 않도록 빠르게 고루 섞는다.

❽ 위생지를 깐 카스텔라 틀에 60% 정도 균일하게 채운다.

❾ 반죽 표면을 고무주걱으로 고르게 펴준 뒤 작업대에 살짝 떨어뜨려 큰 기포를 제거한다.

❿ 오븐온도 150℃에서 60분 정도 굽는다.

Tip

• 오븐에서 꺼내 작업대에 살짝 떨어뜨린 후 뜨거울 때 식용유를 윗면에 발라주면 더욱 촉촉하다.

망고 코코넛 무스

✅ 재료(1개 분량)

- 화이트비스퀴 – 달걀 280g 설탕 138g 박력분 125g 버터 58g
- 망고 바바로와 – 망고퓌레 136g 설탕 30g 노른자 27g 젤라틴 6g 생크림 140g
- 코코넛무스 – 코코넛퓌레 70g 설탕 24g 말리부 4g 젤라틴 4g 생크림 70g
- 보메시럽 – 물 100g 설탕 50g 럼 5g
- 망고코팅 – 물 130g 설탕 200g 물엿 200g 연유 143g 젤라틴 18g 화이트초콜릿 216g 노란색 푸드컬러 적당량

✅ 만드는 법

▶ 화이트 비스퀴

❶ 달걀을 풀어주고 설탕을 넣은 뒤 충분히 기포를 올리고 체에 친 박력분을 골고루 섞어준다.

❷ 반죽 일부를 50℃~60℃ 녹인 버터에 넣고 가볍게 혼합한 뒤 반죽에 넣어 섞는다.

❸ 철판에 위생지를 깔고 반죽을 패닝 후 210℃ 오븐에서 5~8분 정도 굽는다.

▶ 망고 바바로와

❶ 노른자와 설탕을 섞어 중탕으로 78℃까지 살균시킨다.

❷ 망고퓌레와 설탕을 섞어 중탕으로 32℃ 전후로 설탕이 녹을 때까지 저어준다.

❸ 찬물에 불린 젤라틴을 섞어준다.

❹ 생크림을 70~80% 정도 휘핑하여 2~3번 나누어 가볍게 섞는다.

▶ 코코넛무스

❶ 코코넛퓌레와 설탕을 섞어 중탕으로 32℃ 전후로 설탕이 녹을 때까지 저어준다.

❷ 찬물에 불린 젤라틴과 말리부를 섞어준 뒤 70~80% 정도 휘핑한 생크림을 2~3번 나누어 가볍게 섞는다.

❸ 랩을 씌운 15cm 원형 세르클(무스틀)에 화이트비스퀴를 올린 후 시럽을 촉촉하게 발라준다.

❹ 코코넛무스를 30% 정도 붓고 냉동시킨다.

▶ 망고코팅

❶ 망고퓌레와 설탕을 불에 올려 중탕으로 32℃ 전후로 설탕을 녹인 후 찬물에 불린 젤라틴을 섞어준 뒤 25~27℃ 정도까지 온도를 내려 사용한다.

▶ 마무리

❶ 18cm 세르클(원형 무스틀)에 랩을 씌우고 망고 바바로와를 틀 높이의 30% 정도 채운다.

❷ 미리 냉동시킨 코코넛무스를 틀에서 제거하고 망고 바바로와 위에 얹는다.

❸ 10분 정도 냉동시키고 다시 망고 바바로와를 틀 높이의 80% 정도 채운다.

❹ 비스퀴에 시럽을 바르고 망고 바바로아 위에 올려 평평하게 눌러준 후 냉동고에서 굳힌다.

❺ 무스를 틀에서 제거한 후 코팅망에 올리고 망고 코팅을 부어준다.

세미프레도 무스

✅ 재료

- 크림치즈무스 – 달걀노른자 3개 설탕 38g 끼리 크림치즈 200g 판 젤라틴 3g 생크림 250g
- 산딸기무스 – 냉동 산딸기퓌레 250g 설탕 100g 판 젤라틴 6g 마야스럼 6g 생크림 250g 케이크시트
- 코팅 – 산딸기퓌레 250g 미루와 100g

✅ 만드는 법

❶ 크림치즈무스 – 노른자와 설탕을 섞어 중탕으로 살균한 후 잘 풀어놓은 크림치즈를 섞는다.

❷ 녹인 젤라틴을 섞고 휘핑한 생크림을 넣고 잘 섞어 마무리한다.

❸ 산딸기무스 – 산딸기퓌레와 설탕을 볼에 담아 중탕으로 살균시킨다.

❹ 찬물에 불린 젤라틴을 녹여 산딸기퓌레에 섞고 럼을 넣는다.

❺ 생크림을 70% 휘핑하여 위의 혼합물에 잘 섞는다.

❻ 몰드에 얇게 슬라이스한 스펀지를 깔고 반 정도 크림치즈필링을 채운다.

❼ 크림치즈필링이 살짝 굳으면 산딸기필링을 마저 채워 냉동고에 넣고 굳힌다.

❽ 산딸기퓌레와 미루와를 섞어 굳은 무스에 얇게 코팅 후 장식한다.

▶ 코팅

❶ 산딸기퓌레에 설탕과 물을 넣고 설탕이 녹을 때까지 중탕으로 가열한 후 찬물에 불린 젤라틴을 섞어 식힌 후 사용한다. 산딸기퓌레 250g에 미로와 100g를 섞어 코팅하면 간단하다.

살구 타르트

✅ 재료

▶ **A. 아몬드 크림**
- 버터 240g
- 달걀 4개
- 럼 2g
- 중력분 110g
- 슈거파우더 240g
- 아몬드 파우더 250g
- 살구 700g(토핑용)

▶ **B. 파이 크러스트**
- 버터 250g
- 박력분 500g
- 노른자 1개
- 설탕 10g
- 소금 2g
- 물 125g

✅ 만드는 법

▶ **A. 아몬드 크림**
❶ 버터를 부드럽게 푼다.
❷ 달걀을 나누어 조금씩 넣어 섞는다.
❸ 미리 체 쳐둔 중력분과 아몬드파우더, 슈거파우더를 넣고 완전히 섞지 않은 상태에서 럼을 넣어 섞는다.

▶ **B. 파이 크러스트**
❶ 버터를 부드럽게 푼다.
❷ 체에 친 박력분을 넣고 보슬보슬하게 함께 섞는다.
❸ 다 함께 섞은 노른자와 물, 설탕, 소금을 ❷에 넣고 한 덩어리가 되도록 섞는다.
❹ 휴지한다.

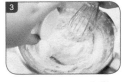

▶ **마무리**
❶ 휴지시킨 파이 크러스트를 2mm로 밀어 원하는 팬에 성형한다.
❷ 포크 등을 이용하여 반죽에 구멍을 낸다.
❸ 완성시킨 아몬드 크림을 채운다.
❹ 토핑용 살구를 이용하여 완성한다.
❺ 180/170℃에서 굽는다.
❻ 다 구워낸 후 살구 부분에 미로와를 바른다.

사워치즈 파이

✅ 재료(4개 분량)

- 크림치즈 필링 – 크림치즈 880g 설탕 210g 달걀 6개
  생크림 120g 버터 180g
- 팬용 – 시나몬쿠키 340g 녹인 버터 95g
  - 시나몬쿠키 : 마가린 120g 설탕 53g 박력분
    170g 시나몬가루 2.6g
- 토핑용 – 사워크림 400g, 설탕 120g

✅ 만드는 법

❶ 팬용 – 빵가루와 녹인 버터를 섞어 버무린 후 팬에
골고루 펴 눌러놓는다.

❷ 크림치즈 필링 – 크림치즈와 설탕을 믹싱 볼에 넣고
부드럽게 풀어준 후 달걀, 생크림, 따뜻하게 녹인
버터를 차례로 치즈가 완전히 풀어질 때까지 천천히
넣어 믹싱을 완료한다.

❸ 미리 준비해 놓은 팬에 크림치즈 필링을 9부 정도
담는다.

❹ 오븐온도 윗불 160℃, 아랫불 170℃에서 20분 정도
굽는다.

❺ 토핑용 – 사워크림과 설탕을 중탕으로 녹인다.

❻ 오븐에서 꺼내 식힌 사워파이 위에 토핑용 크림을
적당히 붓고 장식한다.

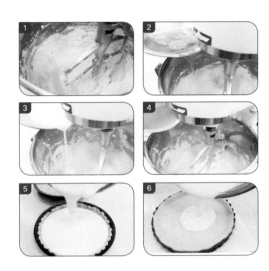

호두파이

✅ 재료(2개용)

- 파이크러스트 – 버터 250g 박력분 500g 달걀노른자 1개 설탕 10g 소금 2g 물 125g
- 호두파이필링 – 달걀 17개 설탕 360g 물엿 400g 팬케이크시럽 90g 버터 30g 넛메그 1g 시나몬 0.5g 호두 230g

✅ 만드는 법

❶ 파이크러스트 – 버터와 박력분을 부드럽게 풀어준 후 물, 소금, 설탕, 달걀노른자를 함께 섞은 혼합물을 넣고 한 덩어리가 되면 믹싱을 완료한다.

❷ 호두파이필링 – 달걀과 설탕을 거품이 생기지 않도록 풀어준다.

❸ 물엿과 팬케이크시럽은 따뜻하게 데워 위의 혼합물에 넣고 섞어준다.

❹ 체에 한번 내린 뒤 위에 뜬 거품을 최대한 제거한다.

❺ 녹인 버터에 넛메그와 시나몬을 섞은 후 준비된 위의 혼합물에 넣는다.

❻ 파이 팬에 파이크러스트를 밀어 깔고 다진 호두를 적당히 담고 호두파이필링을 붓는다.

❼ 오븐온도 윗불 160℃, 아랫불 170℃에서 40분 정도 굽는다.(오븐에서 꺼내 뜨거울 때 윗부분을 눌러 모양을 평평하게 잡아준다.)

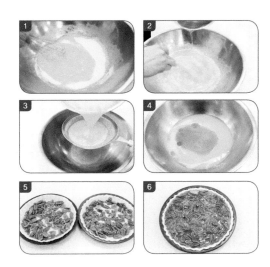

찹쌀떡(모찌)

✅ 재료

- 찹쌀 - 420g
- 뜨거운 물 - 35g 정도(적당량)
- 설탕 - 103g
- 소금 - 4g
- 흰자 - 15g
- 팥앙금 - 400g
- 전분 - 적당량

✅ 만드는 법

❶ 체에 내린 찹쌀가루에 뜨거운 물을 넣고 익반죽한다.

❷ 적당한 양으로 분할하여 끓는 물에 삶아 동동 뜨면 체로 건져낸다.

❸ 반죽이 뜨거울 때 설탕, 소금, 달걀흰자를 넣고 섞어준다.

❹ 면포 위에 적당량의 전분을 깔고 반죽을 얹은 뒤 매끄러울 때까지 살짝 치대준다.

❺ 반죽 35g씩 분할하고 앙금 25g을 넣어 둥글게 싸준다.

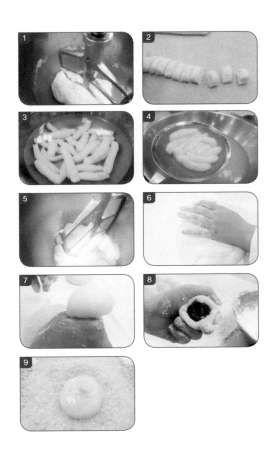

Tip

- 완성된 떡을 시럽에 담근 뒤 스펀지케이크를 가루내어 묻혀도 색다른 맛과 모양을 낼 수 있다.
- 떡을 삶을 때는 물의 양을 충분히 하여 팔팔 끓을 때 넣고 떠오르면 꺼내야 한다.

마카롱쿠키

✅ 재료

- 슈거파우더 200g 아몬드파우더 200g 달걀흰자A 73g
  설탕 200g 물 50g 달걀흰자B 73g 식용색소 소량
- 샌드가나슈 – 다크초콜릿 175g 생크림 125g
  브랜디 10g

✅ 만드는 법

❶ 달걀흰자A에 체에 친 슈거파우더와 아몬드파우더를
넣고 주걱으로 한 덩어리로 뭉쳐지게 반죽한다.

❷ 설탕과 물을 넣고 118℃까지 시럽을 끓인다.

❸ 달걀흰자B를 80% 정도 올린 후 끓인 시럽을 서서히
부어주며 단단한 머랭을 만든다.

❹ 반죽에 이탈리안 머랭을 3회 정도 나누어 섞어주며
되기를 조절한다.

❺ 원형모양깍지를 이용하여 실리콘페이퍼를
깐 철판에 적당한 크기로 짜준 후 실온에서
건조시킨다.

❻ 오븐온도 140℃에서 10∼15분 정도 굽다가 온도를
낮춰 5분간 더 굽는다.

❼ 마카롱쿠키에 가나슈를 적당량 짜서 샌드하여 2개를
맞붙인다.

마스카포네치즈 쿠키

✅ 재료

• 버터 250g 분당 250g 소금 2g 아몬드파우더
250g 마스카포네치즈 80g 달걀 50g 박력분 300g
바닐라향 2g 레몬 1/4개

✅ 만드는 법

❶ 버터를 부드럽게 풀어준다.

❷ 분당, 소금, 마스카포네치즈, 아몬드파우더를 잘
섞어준다.

❸ 달걀을 조금씩 넣으며 기포를 올린 뒤 체에 친
박력분을 섞고 레몬과 바닐라향을 넣어 완성한다.

❹ 중간 크기의 별 모양깍지를 이용하여 'S'자모양이나
장미꽃모양으로 짠다.

❺ 오븐온도 윗불 190℃, 아랫불 150℃에서 12분 정도
굽는다.

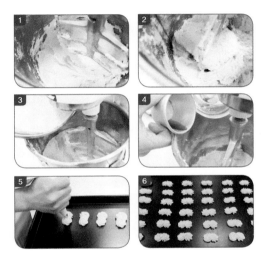

킵펠쿠키

✅ 재료

- 버터 380g 슈거파우더 225g 소금 5g 달걀 150g 박력분 400g 코코아파우더 75g 바닐라향 5g 레몬 1/4개 코팅용 화이트초콜릿 · 딸기잼 적당량

✅ 만드는 법

① 버터와 슈거파우더, 소금을 부드럽게 풀어준다.

② 달걀을 조금씩 넣으며 믹싱한 뒤 레몬, 바닐라향을 섞어준다.

③ 체에 친 코코아파우더와 박력분을 살짝 섞어준다.

④ 중간 크기의 원형모양깍지를 이용하여 말굽모양으로 짠 뒤 오븐온도 윗불 190℃, 아랫불 150℃에서 10~12분 정도 굽는다.

⑤ 식힌 후 딸기잼을 적당량 짜서 2개를 맞붙인 뒤 녹인 코팅용 화이트초콜릿을 양쪽 끝부분에 묻힌다.

피낭시에(초콜릿, 코코넛)

✅ 재료

- 버터 280g 설탕 200g 아몬드파우더 100g 박력분
100g 바닐라향 2g 달걀흰자 240g 다크초콜릿(칩)
50g 또는 코코넛파우더 50g 또는 호두분말 30g

✅ 만드는 법

❶ 버터를 태워 식힌 뒤 윗부분의 맑은 부분만 따라서
준비한다.

❷ 설탕, 아몬드파우더, 박력분을 체에 내린 뒤
달걀흰자를 투입하여 반죽이 매끈한 상태가 되도록
섞어준다.

❸ 태운 버터를 위의 혼합물에 넣어 완전히 혼합
시킨다.

❹ 바닐라향을 넣는다.

❺ 준비해 놓은 초콜릿이나 코코넛파우더, 호두 등을
각각 따로 섞은 후 피낭시에 틀에 짠다.(용기에 담아
냉장보관했다가 필요시 꺼내 사용하기도 한다.)

❻ 오븐온도 170℃에서 20분 정도 굽는다.

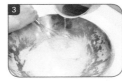

아몬드 튀일 바구니

✔ 재료

• 아몬드슬라이스 300g 설탕 220g 박력분 58g 달걀 2개 달걀흰자 3개 바닐라향 소량

✔ 만드는 법

❶ 구워 식힌 아몬드슬라이스에 설탕, 박력분을 섞는다.

❷ 달걀, 달걀흰자, 바닐라향을 위의 혼합물과 함께 버무린다.

❸ 철판에 수저로 떠서 용도에 맞게 적당량 팬에 놓은 후 포크로 눌러 얇게 펴준다.

❹ 오븐온도 윗불 180℃, 아랫불 150℃에서 굽고 색이 나면 하나씩 뜨거울 때 떼어내어 틀이나 도구를 이용해 모양을 잡는다.

❺ 튀일 바구니에 여러 가지 쿠키나 초콜릿을 담아낸다.

솔트스틱

✅ 재료

• 박력분 500g 소금 10g 이스트 20g 쇼트닝 140g
  우유 200g 코팅용 초콜릿 적당량

✅ 만드는 법

❶ 모든 재료를 한데 넣고 믹싱하다 한 덩어리 반죽이
   되면 쇼트닝을 넣는다.

❷ 저속 3분, 고속 3분 정도 반죽한다.

❸ 15분 정도 1차 발효시키고 15~20g 정도 분할한 뒤
   성형이 용이하도록 중간발효시킨다.

❹ 반죽을 손으로 가늘고 길게 민 후 원하는 모양으로
   팬에 놓는다.

❺ 달걀물을 살짝 발라준 뒤 오븐온도 윗불 200℃,
   아랫불 180℃에서 10분 정도 굽는다.

❻ 코팅용 초콜릿을 녹여 스틱에 바르거나 찍어
   장식한다.

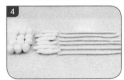

몰딩초콜릿 캔디(다크, 화이트, 밀크)

✅ 재료

- 커버처초콜릿(다크, 밀크, 화이트) 적당량
- 가나슈 – 생크림 100g 초콜릿(다크, 밀크, 화이트) 200g 럼 5g

✅ 만드는 법

❶ 템퍼링 초콜릿 – 초콜릿을 잘게 다져 중탕해서 녹인다.

❷ 다크초콜릿일 경우 45~50℃, 밀크나 화이트 초콜릿일 경우 40~45℃로 온도를 맞춰 녹인다.

❸ 얼음물이나 혹은 대리석을 이용해 26~27℃까지 식힌다.

❹ 중탕으로 다시 30~32℃까지 온도를 맞춘 후 사용한다.

❺ 몰딩작업 – 몰드 속을 깨끗하게 닦아놓는다.

❻ 템퍼링한 초콜릿을 몰드 속에 채운 뒤 두드려 기포를 없애고 몰드를 뒤집어 흘러내린 여분의 초콜릿을 긁어내고 굳힌다.

❼ 일정한 두께로 굳을 수 있도록 잠시 볼에 뒤집어 걸쳐놓았다가 윗면을 깨끗이 정리한다.

❽ 몰드 안에 준비해 놓은 가나슈를 8부 정도 짜준다.

❾ 템퍼링한 초콜릿으로 윗면을 채운 뒤 여분의 초콜릿을 제거한다.

❿ 초콜릿이 완전히 굳으면 몰드를 뒤집어 빼낸다.

▶ 가나슈

❶ 초콜릿을 잘게 다져놓는다.

❷ 생크림을 끓여 다져놓은 초콜릿에 섞어 매끈한 크림상태의 가나슈가 되도록 잘 저어준다.

❸ 25℃ 이하로 식힌 후 럼을 섞어 준비한다.

벨지움초콜릿 캔디

✔ 재료

• 커버처초콜릿(다크, 밀크, 화이트) 적당량 아몬드 · 피스타치오 · 건포도 · 크랜베리 소량

✔ 만드는 법

❶ 각종 넛(아몬드, 호두, 피스타치오 등)을 미리 볶아 식혀서 준비한다.

❷ 초콜릿을 잘게 다져 중탕해서 녹인다.

❸ 다크초콜릿일 경우 45~50℃, 밀크초콜릿일 경우 40~45℃로 온도를 맞춰 녹인다.

❹ 얼음물이나 대리석을 이용해 26~27℃까지 식힌다.

❺ 중탕으로 다시 30~32℃까지 온도를 맞춘 후 사용한다.

❻ 템퍼링한 초콜릿을 유선지 위나, 실리콘페이퍼 위에 적당한 크기로 짜준다.

❼ 초콜릿이 굳기 전에 준비해 놓은 넛을 올려 장식하며 마무리한다.

▶ 가나슈

와인 젤리

✅ 재료

• 정수된 물 500g 녹스젤라틴 2봉 설탕 200g
  화이트와인 225g 또는 레드와인 225g 레몬주스
  소량 과일 소량

✅ 만드는 법

❶ 정수된 물을 끓인다.

❷ 녹스젤라틴과 설탕을 섞은 볼에 끓인 물을 넣고
  완전히 녹을 때까지 저어준다.

❸ 식으면 화이트와인 또는 레드와인을 넣고 마무리로
  레몬주스를 섞는다.

❹ 준비된 컵에 과일을 깔고 위의 혼합물을 넣고
  냉장고에서 굳힌 후 장식한다.

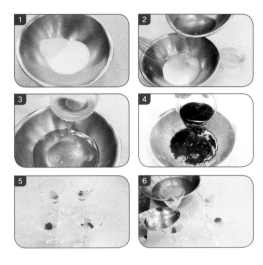

찹쌀도넛

✅ 재료

• 찹쌀가루 500g 설탕 100g 베이킹파우더 10g
베이킹소다 4g 박력분 85g 물 130g

✅ 만드는 법

❶ 박력분, 베이킹파우더, 베이킹소다를 체에 친 뒤
찹쌀가루와 설탕을 넣고 고르게 섞는다.

❷ 끓인 물을 넣어 익반죽한다.

❸ 반죽을 40g씩 분할하여 표면이 매끄럽도록 둥글리
기한다.

❹ 분할한 반죽을 손바닥으로 눌러 적당히 편 뒤 통팥
앙금 30g를 넣어 싸준다.
(앙금이 한쪽으로 치우치지 않고 중앙에 있도록 잘
싸준다.)

▶ 튀김

❶ 기름이 180~190℃가 되면 불을 끄고 도넛을 넣는다.
(한쪽 면에 색이 너무 나거나 탈 수 있으니 불을 끄고
넣는다.)

❷ 다시 불을 켜고 잘 저어주다 도넛이 위로 떠오르면
체를 이용하여 원형으로 돌려주며 황금색이 날
때까지 튀긴다.

❸ 체로 건져 기름을 충분히 뺀 뒤 위생지를 깐 냉각팬
옮겨 냉각시킨다.

❹ 냉각 후 설탕을 묻힌다.

참고
문헌

- **월간제과제빵**, 빵 · 과자 백과사전, 비앤씨월드, 2003.
- 홍행홍, 합격! 대한민국 제과기능장, 비앤씨월드, 2003.
- 월간파티시에, 제과제빵 이론특강, 비앤씨월드, 2008.
- 신길만 외, 제빵학의 이론과 실제, 백산출판사, 2005.
- **코리아푸드아트협회**, 케이크데코아트&공예테크닉, 군자출판사, 2016.

저 자 소 개

이 윤 희
경기대학교 외식조리관리학 관광학박사
신라호텔 베이커리부 근무
타워호텔 베이커리부 근무
대한민국 제과기능장
훈련교사(제과제빵)
한국산업인력관리공단 제과기능장, 제과/제빵기능사 감독위원
현) 수원과학대학교 호텔조리제과제빵과 교수

최신 제과제빵 & 디저트플레이팅

2018년 3월 10일 초 판 1쇄 발행
2021년 2월 25일 개정판 1쇄 발행

지은이 이윤희
펴낸이 진욱상
펴낸곳 (주)백산출판사
교 정 박시내
본문디자인 신화정
표지디자인 오정은

저자와의
합의하에
인지첩부
생략

등 록 2017년 5월 29일 제406-2017-000058호
주 소 경기도 파주시 회동길 370(백산빌딩 3층)
전 화 02-914-1621(代)
팩 스 031-955-9911
이메일 edit@ibaeksan.kr
홈페이지 www.ibaeksan.kr

ISBN 979-11-6567-002-3 93590
값 26,000원